The Bible of Roses

玫瑰圣经

PIERRE-JOSEPH REDOUTÉ 1759-1840

[法] 皮埃尔-约瑟夫·雷杜德 / 绘

艺术大师编辑部 / 译

北京联合出版公司
Beijing United Publishing Co.,Ltd.

图书在版编目（CIP）数据

玫瑰圣经 / (法) 雷杜德绘；艺术大师编辑部译.
-- 北京：北京联合出版公司, 2015.6（2020.5重印）
（最伟大的图谱）

ISBN 978-7-5502-4531-0

Ⅰ.①玫… Ⅱ.①雷… ②艺… Ⅲ.①玫瑰花 – 图集
Ⅳ.①Q949.751.8-64

中国版本图书馆CIP数据核字(2015)第132766号

玫瑰圣经

作　　者	[法] 皮埃尔-约瑟夫·雷杜德
译　　者	艺术大师编辑部
责任编辑	李　伟
项目策划	紫图图书ZITO®
监　　制	黄　利　万　夏
营销支持	曹莉丽
装帧设计	紫图装帧

北京联合出版公司出版
（北京市西城区德外大街83号楼9层　100088）
艺堂印刷（天津）有限公司印刷　新华书店经销
字数60千字　889毫米×1194毫米　1/16　13.5印张
2015年6月第1版　2020年5月第2次印刷
ISBN 978-7-5502-4531-0
定价：199.00元

目录

引言

画家加尔内利（Garneray）描绘的梅尔梅森城堡花园全景。

玫瑰之书

　　无论是过去、现在，还是未来，玫瑰都是人类文化与生活中最重要的花卉之一。它多变的色彩拥有微妙的层次；柔滑的质感带给指尖奇妙的愉悦；它通常的花形（尤其是花蕾的形状）类似心脏，令手持者有捧心般的柔情与感动；它的气息无与伦比，是这个世界最重要的香料来源。由于玫瑰美丽、芳香而且红颜短暂，所以人们往往将它与生命的三个方面联系起来：爱情、死亡和极乐世界。它是诗歌与艺术的重要灵感，是恋人们不可或缺的道具，是花园中无法抹杀的美丽资源，也是宗教活动中的常见象征。人类对玫瑰的无限钟情，赋予它现实的与乌托邦的双重魅力，使之既高贵庄严又艳情诱惑。没有任何一种花卉能像玫瑰一样，虽然常见却仍然能激动人心——因为唯有玫瑰，能同时点燃我们的愉悦、激情与想象力。

　　虽然玫瑰的品种和有关玫瑰的记录浩如烟海，但历史上仍然有一座最著名的玫瑰园——

约瑟芬与玫瑰

　　约瑟芬（Josephine，1763—1814年）是18世纪巴黎著名的贵妇。在第一次婚姻破裂后，她于1796年嫁给了拿破仑·波拿巴，并于1804年成了法国皇后。约瑟芬与拿破仑离婚后主要居住在梅尔梅森城堡，现为拿破仑纪念馆。在这座城堡中，酷爱玫瑰的约瑟芬聘用大量专家建立了一座宏伟的玫瑰园。其收集、种植和育种的玫瑰丰富了欧洲甚至世界的玫瑰品种。为了玫瑰，约瑟芬几乎无所不用其极。据说在英法战争期间，约瑟芬甚至为一位伦敦的园艺家搞了个特别的护照，要他穿过战争防线，定期将新的英国玫瑰品种带到法国来。也许是出于对皇后爱好的尊敬，英法舰队也曾停止海战，让运送玫瑰的船通行。

梅尔梅森城堡

1805年的约瑟芬皇后

19世纪初法国皇后约瑟芬的"梅尔梅森城堡玫瑰园"，历史上也有一位公认的最杰出的玫瑰记录者——法国花卉图谱画家皮埃尔-约瑟夫·雷杜德。

这两位为玫瑰的世界作出巨大贡献的人于1798年相遇。当时约瑟芬为排遣拿破仑外出远征后留给她的孤寂而收购了位于巴黎南部的梅尔梅森城堡。出于对植物和园艺的浓厚兴趣，她聘请了曾前往南美洲探险的植物学家彭普兰德做她的私人植物学家，花费巨额资金，并用各种方法收集世界各地美丽而又稀有的植物，种植在她的城堡花园里，从而使其花园有了大型植物园般的规模。然而，约瑟芬最感兴趣的却是玫瑰。她一直与欧洲最重要的玫瑰栽培者和育种家保持联系，并在城堡中开辟了一个玫瑰园，在园中种植了当时所有知名的玫瑰品种，植物学家迪松美在这个玫瑰园里进行了人类首次人工控制育种，培育出了大量独特的杂交玫瑰，使玫瑰的栽培进入了新的时代。到1814年约瑟芬皇后去世时，这座花园里已拥有大约250种3万多株珍贵的玫瑰。

此时的雷杜德已与多位当时著名的植物学家合作出版过植物图谱专著，并逐渐发展出了一种将强烈的审美加入严格的学术与科学中的独特绘画风格。由于约瑟芬的聘请，使得雷杜德有机会完成这本被誉为"最优雅的学术、最美丽的研究"的《玫瑰图谱》。

雷杜德的《玫瑰图谱》历时20年完成，在这本巨著出版前，约瑟芬便已香消玉殒。在这本专集中雷杜德分类描绘的玫瑰多数来自于梅尔梅森城堡玫瑰园，少量来自于其他园艺家和植物学家的种植。这本玫瑰专集很快就取得了成功。它共有169

法国大革命

在1789年，连妇女们也拿起了各种武器，开始了最终推翻君主制的法国大革命。这场革命从根本上改变了近代政治与历史的面貌。大革命也改变了许多人的命运，使得军官出身的拿破仑有机会成为法国皇帝。但在这个极其动荡的年代里，画家雷杜德的生活和工作似乎一直未受到影响。他经历了法国大革命和重建时期的艰难岁月，尽管统治者政权更迭，但都对他的地位给予了认可。

画家加尔内利（Garneray）用水彩描绘的梅尔梅森城堡花园大温室。

幅版画，运用了雷杜德独特的彩色版画绘制技巧。相应的介绍文字是由法国园艺家兼植物学家格劳德－安托万·托利（1759—1827年）完成的，《玫瑰图谱》共三卷，在1817年至1824年间分30期出版。在出版过程中动用了10名艺术家和雕刻师参与版画的制作，并有上百名工人根据雷杜德的原稿进行版画配色。由于工艺的极端复杂，这本书只出版了五册大型对开版，其中每一朵玫瑰都画有单色版画和人工彩色版画。同时还出版有小型对开版。在书中，由雷杜德画的玫瑰可分为三大类：古代的野玫瑰，如犬蔷薇和长青玫瑰；中世纪的玫瑰，如白玫瑰和臭蔷薇；另外便是近代引进到欧洲的玫瑰（主要是亚洲的蔷薇）。书中的许多玫瑰在这本书编写时就已经在逐渐消失，到现在，我们只能从纸上亲其芳泽了。雷杜德的《玫瑰图谱》出版伊始便立即取得了成功，刚上市便需要再版，由于工期紧、工艺极度复杂，以至于当时根本没有印刷商能满足其不断再版的要求。

在此后的近2000年时间里，《玫瑰图谱》以各种语言和版本出版了200多种复制本，平均每年都有新的版本出现。《玫瑰图谱》在艺术与学术上的成功，使得雷杜德一直享有"玫瑰大师"的声誉，他所绘制的玫瑰也已成为无人逾越的巅峰。即使在其学术价值已经褪色的今天，《玫瑰图谱》因其令人愉悦的观赏性，而被推崇为"玫瑰圣经"。

关于本书画家

雷杜德画像

皮埃尔－约瑟夫·雷杜德（Pierre-Joseph Redouté，1759—1840年）出生于法国列日省附近的圣于贝尔（现属比利时阿登地区）的一个画家世家。他23岁时到了巴黎并成为在国家自然历史博物馆工作的著名花卉画家杰勒德·范·斯潘东克（1746—1822年）的学生兼助手。后来他又师从植物学家查尔斯－路易斯·埃希蒂尔·德布鲁戴尔（1746—1800年），系统地掌握了植物在形态方面的重要特点。这些植物学知识，使得雷杜德能够将他的绘画作品赋予严格的学术性与写实性。

当时雷杜德有很多机会与欧洲最活跃的园艺家及植物学家合作，他甚至为著名的启蒙主义者让－雅克·卢梭（1712—1778年）的《植物》一书作了65幅精美的植物插图。1788年，他被法国皇室任命为宫廷专职画师。

雷杜德最重要的创作时期始于1798年，他开始为约瑟芬的梅尔梅森城堡花园工作。在这里，他与许多当时最杰出的植物学家合作。这期间，他出版了最著名的几本专著《百合》《玫瑰图谱》等。

法国波旁家族与雷杜德的联系一直比较紧密。1825年，查尔斯十世任命他为骑士。他的大多数书籍的出版都受到了皇室的赞助。在1830年"七月革命"后，他成为新任法国皇后玛丽－艾米莉（1782—1866年）的专职画家。雷杜德一生为近50部植物学著作绘制了插图。他于1840年6月20日去世，终年近81岁，葬在巴黎的拉雪兹公墓。

雷杜德的玫瑰在西方几乎家喻户晓，在各种日用品和艺术品中都可见到。

雷杜德所绘制的百合也是著名的经典。

如何使用本书

本书除了作为一本珍贵的玫瑰欣赏图谱外，还收录了有关玫瑰鉴赏的相关知识，既具艺术性，又不失为一本有用的玫瑰品种鉴别指南。

图谱

雷杜德通过独特的铜版雕版画的点刻技术，成功地将水彩所特有的鲜明之处运用于雕版画之中，使其作品达到了形象鲜活、画面柔和的完美效果。

玫瑰中文学名或变异品种名

玫瑰名字无引号者为品种名；有引号者为商品名或依植株性状特征的音译名。

玫瑰拉丁文学名

首字母分别以大、小写的斜体拉丁文来区分玫瑰的属名和种名；

首字母大写，并在尾字母后附黑点的正体单词或字母为该玫瑰命名者名字的缩写；

×表示杂交；

var.表示这是一个变种；

cv.表示这是一个栽培变种；

for.表示这是一个变型品种；

?表示此名称尚待考究；

加引号者为玫瑰的栽培变种名或商品名。

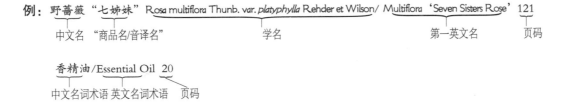

玫瑰英文名

玫瑰名字无引号者为品种名；有引号者为商品名；有问号者表明此品种英文名尚待考究。

别名

玫瑰的常用名。

中西文对照索引使用说明

本书中西文对照索引包含玫瑰及玫瑰名词术语的页码查询，其排列规则以相关中文名拼音字母的顺序为依据。

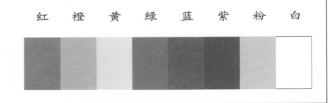

例：野蔷薇 "七姊妹" Rosa multiflora Thunb. var. *platyphylla* Rehder et Wilson/ Multiflora 'Seven Sisters Rose' 121

中文名 "商品名/音译名" 学名 第一英文名 页码

香精油/Essential Oil 20

中文名词术语 英文名词术语 页码

本书色彩样板

本书在介绍玫瑰时，其色彩的描述依据了雷杜德的原著和自然状态中的颜色。其印刷后可能出现的色彩偏差可参见右图所示色彩样板进行校订。

红 橙 黄 绿 蓝 紫 粉 白

玫瑰的亲属

玫瑰在植物分类上属于蔷薇科（Rosaceae）蔷薇属。蔷薇科是一个常见且庞大的家族，约有124属，3300余种，几乎遍布世界各地，主要集中在北半球的温带地区。中国的蔷薇科植物约有47属，854种，全国各地都有分布。主要为木本及草本植物，很少有藤蔓植物，没有水生植物。这一科包括许多种果实可食用的植物：苹果树、樱桃树、李子树、桃树、悬钩子、黑莓和草莓。也包含许多常见的美丽观赏植物，如绣线菊、绣线梅、蔷薇、月季、海棠、梅花、樱花和白鹃梅等。

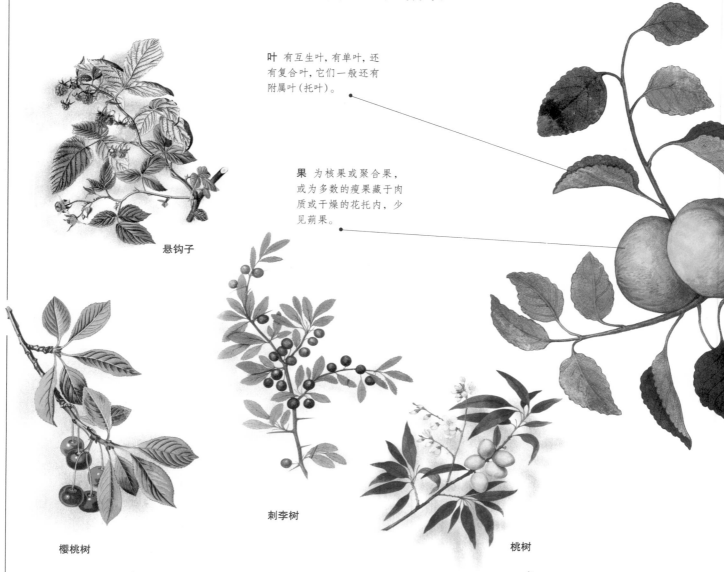

叶 有互生叶，有单叶，还有复合叶，它们一般还有附属叶（托叶）。

果 为核果或聚合果，或为多数的瘦果藏于肉质或干燥的花托内，少见蒴果。

悬钩子

刺李树

樱桃树

桃树

蔷薇科植物的典型果实

草莓（草莓属）的花托极大，瘦果即着生其上。

悬钩子（悬钩子属）花托常呈圆锥体。

桃（桃属）的核果，其花托长成为可食部分。

苹果（苹果属）的花托为构成肉质、可食部的绝大部分。

樱桃（樱桃属）的核果，外层即为肉质可食的花托。

玫瑰（蔷薇属）的花托呈壶形，中空，成熟时包藏很多瘦果。

雄蕊 一般较多，周位，多为5或10的倍数。

花柱 分离或合生，项生、侧生或基生均有。

子房 有1至多个，由分离或合生的心皮组成。

蜜腺 花的外部有蜜腺，是蔷薇科在形态上具有的重要特点之一。

萼片 典型的构成是有5个萼片，有时具副萼。5个独立花瓣。

花托 一般中空，花被即着生于其周缘。

胚珠 每室1至多颗。

蔷薇科植物花朵的典型构成

花 花大而显著，辐射对称，颜色各异。

授粉 开花主要是由昆虫授粉，因此花朵通常大而鲜艳，且有香味。

樱桃树

苹果树

棣棠

梨树

蔷薇

蔷薇科植物的形态

蔷薇科植物的典型花型

桃花　　　樱花　　　樱桃花　　　玫瑰　　　玫瑰花托

玫瑰的特征

玫瑰也许是我们能见到的最复杂的花卉，它的花型、颜色和香味千变万化，既有雅致的种玫瑰，也有馨香的园林玫瑰，还有宝石般耀眼的现代杂交玫瑰。如今，世界各地（主要是北半球地区）生长着200多个种类的玫瑰，由于人们不断通过杂交试图获得更美、更香、花期更长的玫瑰，因此我们常见的园艺和商业用途的玫瑰品种一直在以每5年一批的速度进行着更新换代。要识别出一种玫瑰非常困难，连专家们的观点也往往有很大差异，因为玫瑰的种类非常容易发生变化，也很容易杂交。杂交玫瑰不仅可以通过人工控制进行选种，也大量地自然形成。

园林玫瑰 可以开出很多束大花，或圆锥形的花，每一朵花有5个萼片，5个花瓣，大量雄蕊及雌蕊。

重瓣 雄蕊和雌蕊经过变形，形成像花瓣一样的结构，便生成了重瓣园林玫瑰。

叶 5～7枚边缘呈锯齿状的椭圆形小叶，也可能长顶生局部叶和从属叶。

伞状花序 玫瑰的花一般是在每个枝条上开一朵的，但也有在短小的侧枝末端生成的伞状花序。

刺毛 刺毛也是某些玫瑰的特有武器。

花萼 是一种伸长了的结构，它将子房与其他生殖器官结合起来。单个萼片所表现出来的特点使人很容易识别它是哪一种类。

果实 从花床上长出来的，一般被称为玫瑰果。

侧芽 一般从基部生出几个嫩芽，进一步长成侧芽。

茎穿花玫瑰 也被称为穿花。茎穿过开着的花继续生长，一般是从花朵中间穿过，偶尔也从一边穿过。整个花序及果实也会出现这种现象。这种罕见的现象可能是一种变异。

落叶灌木 主要是落叶型（很少有常绿植物）、直立或攀援灌木。

树枝 枝条上或多或少粗糙多刺。这些刺与真正的刺不一样，其实是从树皮组织中长出来的尖而锐利的幼芽，因此十分容易折断，它们起着固着器的作用，对可靠地识别某一种类非常重要。

在山林和乡村还可见到野生状态下的玫瑰。

标准的玫瑰园常规划整齐，种植大量品种不一的玫瑰以获得丰富的色彩与层次。

秋霜过后的玫瑰叶呈现出动人的金黄与火红，是极佳的秋季风景。

玫瑰的花朵与枝叶尽失，但红色的玫瑰果也能成为冬日一景。

玫瑰花型

　　玫瑰花型众多，从种玫瑰简洁的单瓣、杂交种茶香玫瑰优雅的中高型到古典园林玫瑰的复杂簇生型都十分普遍。这里介绍的是玫瑰完全开放时所呈现的最完美花型。

平型 绽放型，通常为单瓣或半重瓣，花瓣近乎平展。

杯型 单瓣至完全重瓣，花瓣由中心向上或向外卷。

中高型 半重瓣至完全重瓣，中心紧密高耸，杂交种茶香玫瑰多为该花型。

瓮型 半重瓣至完全重瓣。花瓣卷曲，顶部扁平。

圆型 重瓣或完全重瓣，由大小相同的花瓣交叠成碗状。

簇生型 略为平展，重瓣或完全重瓣，由很多大小不一的花瓣重叠组成。

四分簇生型 重瓣或完全重瓣，由大小不一的花瓣组成四等分图案。

彩球型 花小而圆，重瓣或完全重瓣，由许多小花瓣所组成，通常丛生。

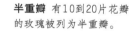

完全重瓣 花瓣多于20片，被列为完全重瓣。

半重瓣 有10到20片花瓣的玫瑰被列为半重瓣。

单瓣 有5到10片花瓣的玫瑰被列为单瓣。

玫瑰的沉迷

　　玫瑰几乎是世界上最古老的花卉，从远古化石到埃及人的壁画、希腊罗马的雕塑中都可以见到它的芳影。早在罗马时期以前，玫瑰就以其独特的优雅香味和美丽的花朵而受到人们的喜爱与推崇，并出现了大量由野生品种栽培的园林玫瑰。这幅19世纪画家的绘画，表现的是沉迷在玫瑰花池中的罗马皇帝黑利阿加巴卢斯与他的侍从们。在古罗马，玫瑰是帝王尊贵的象征。而在19世纪的花语中，玫瑰一般代表美和感性的爱，后来在文艺中还染上了"颓废"的意味。

玫瑰分类

玫瑰栽培已有上千年的历史，这期间通过广泛杂交，培育出了数量庞大的品种群。一般植物学家和园艺家将玫瑰主要分成两大类，即野生玫瑰（主要包括种玫瑰、野玫瑰及其杂交品种）、园林玫瑰（包括古典园林玫瑰与现代园林玫瑰）。

野生玫瑰的分布及生存环境

野生玫瑰的自然分布区域位于北纬20°~70°之间。热带地区没有蔷薇属，在南半球也没有本地产玫瑰。因此该属所覆盖的地区涉及整个欧洲，北美洲及亚洲，但北部的北极地区及南部的热带地区，及亚洲内陆几个干燥地区除外。野生玫瑰在理论上应主要集中在西亚中部和南部的山区，但是在大西洋沿岸的北美洲也发现了大量种类。在非洲，只有在最西北部以及埃塞俄比亚才长有野生玫瑰。

草原蔷薇为生长在北美洲的灌木型玫瑰。

哈得孙湾玫瑰原产于美洲东北部。

玫瑰的分布图

维吉尼亚玫瑰生长在美洲东北部，生命力极强。

沼泽玫瑰原产地在南美洲，常见于沼泽附近及湿地。

蒙特祖玛蔷薇生长在墨西哥北部的山谷里，少数生长在南半球。

牧场蔷薇主要分布在大西洋到洛基山脉一带，经常用于对冬季耐寒的攀援蔷薇进行育种。

麝香玫瑰据说起源于北非。它一直被用作许多灌木蔷薇的母体。

美洲野生玫瑰

有20种野生玫瑰生长在包括美国及加拿大在内的北美洲地区，但从墨西哥到北极地区也都有野生玫瑰的踪影。在美洲分布区域比较广泛是北极蔷薇（Rosa acicularis）。从远东移植过来的日本玫瑰（Rosa rugosa Thunb.）生长在阿拉斯加南部沿海一带，虽然只分布在很小一部分区域，却使它成为所有蔷薇种类中最耐寒的一个。

奥地利黄蔷薇是波斯及小亚细亚最重要的一种蔷薇。它的味道相当难闻，但对培育黄色及橙色园林蔷薇具有重要作用。

欧洲野生玫瑰

即便欧洲不像亚洲及北美洲那样有大量野生玫瑰种类，但也有相当多的品种，大致可以分为3个群体：法国蔷薇群、地榆属蔷薇群、犬蔷薇群。欧洲的玫瑰一般是丘陵和高山植物。它们生长在靠近林地、营养丰富而又潮湿的地带。例如，在瑞士，真正的高山玫瑰只生长在高海拔的松树林里，而不会往下向低海拔地区漫延。

法国蔷薇本是欧洲南部的野生玫瑰，十字军东征时被带到中欧，主要长在白垩质土壤上。

地榆属蔷薇也称为苏格兰石南，它是生长在欧亚大陆沿岸沙丘上的一种低而密的灌木，上面长有针尖状的刺。它也可以生长在石灰石及石膏丘陵内。

犬蔷薇呈现的类型非常丰富，茎弓形或蔓生，有强硬的朝下钩刺。主要生长在森林地带边缘及灌木丛中。

切罗基玫瑰为生长茂盛的常绿攀援玫瑰，长有粗大、钩状的刺。在中国，它主要生长在多岩石地区。

日本玫瑰是1～2米高的灌木，长有粗且毛茸的枝干，多刺且刚硬。在玫瑰的育种中起着很重要的作用。

木香是长有光滑茎干的一种常绿灌木玫瑰。它呈细微锯齿状的叶子底部还长有刚硬的附属叶，有些向下倾斜。

月季一般生长在灌木丛及河沿上。为中国特产。

大叶野蔷薇为一种1～3米高的攀援灌木，长有浓密、往往十分光滑的枝干，在中国大部分地区以及朝鲜、日本均有分布。

长青硕苞蔷薇的花萼被大花苞片包围了起来。

亚洲野生玫瑰

由于蔷薇属主要集中在中亚，所以很难用一个典型的例子来对亚洲玫瑰进行描绘。特别值得注意的是，有大量亚洲野生玫瑰种群几乎只生长在中国，这样的玫瑰有：中国或孟加拉玫瑰群、木香群、滑茎玫瑰群及硕苞玫瑰群。亚洲野生玫瑰主要生长在低地地区，但也长在高原甚至有雪的地方。在空旷的乡下、悬崖上、峡谷的大堤上都长得很旺盛。它们常常爬到高高的大树上。

园林玫瑰

与野生玫瑰不同，园林玫瑰是由人工而不是大自然培育的。它们是人工控制培育的结果，分成各个品种，还有着品种名称。一个品种就是具有某些显著特点的一种栽培植物，而这些特点在该种植物广泛繁殖后仍然保留。为了更容易从整体上把握，大量的玫瑰品种可分为不同的群，但今天，这些蔷薇还分为"古典园林玫瑰"和"现代园林玫瑰"。

古典园林玫瑰

一般认为，如果一种玫瑰所属的品种在1867年以前就已经存在，它就是"古典园林玫瑰"。用19世纪引进来的亚洲品种杂交而成的第一批杂种仍属于这一群，所以雷杜德画出来的所有园林玫瑰，都可以说是"古典园林玫瑰"。

药剂师玫瑰 半重瓣红花，为药用法国蔷薇的一种，深得中世纪英国人的喜爱。照片中这种深粉红色单瓣花的药剂师玫瑰干燥后香味更浓，为制作药用玫瑰香水的公认蔷薇品种。这种被又称为"药剂师"的花是用来生产香精油的。

大马士革玫瑰 是一种松散优雅的丛生玫瑰，花序由5~7朵香味浓郁的花朵组成。它有大约200个品种。人们从希腊及罗马时代就开始栽种这种玫瑰。

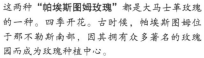

这两种**"帕埃斯图姆玫瑰"**都是大马士革玫瑰的一种。四季开花。古时候，帕埃斯图姆位于那不勒斯南部，因其拥有众多著名的玫瑰园而成为玫瑰种植中心。

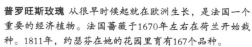

普罗旺斯玫瑰 从很早时候起就在欧洲生长，是法国一个重要的经济植物。法国蔷薇于1670年左右在荷兰开始栽种。1811年，约瑟芬在她的花园里育有167个品种。

"塞美普莱纳"玫瑰 这种半重瓣白玫瑰，在中世纪比较普遍。

"五彩缤纷" 一种花瓣为深红色并有白色斑纹的玫瑰，是一种变色的法国蔷薇，在16世纪前就已经出现。

"约克与兰开斯特"蔷薇 是在英国"玫瑰战争"（1455—1485年）之后出现的，它的花将约克的白色与兰开斯特的红色结合起来。与长有斑纹的法国蔷薇不同的是，"约克与兰开斯特"蔷薇在一朵花里要么全是红色，要么全是白色。

百叶玫瑰 的几种常见变种。百叶玫瑰也叫洋蔷薇，是普罗旺斯玫瑰的变种，它在16世纪末至18世纪初之间逐渐发展而成。在1710年至1850年间，它们只生长在荷兰。它们的花在突变中全变成重瓣花。它们被称为百叶蔷薇，是因为它们在花萼上面长有苔藓状绒毛，往往还长着刺和油腺。

园林玫瑰在欧洲

　　在罗马时期，玫瑰一直被视为君王的象征而得到推崇和广泛种植。右图中这幅公元1世纪庞贝古城的壁画上，少女正在采摘的花朵便被认为是一种园林玫瑰。罗马及它的文化衰落后，人们对玫瑰的激情也锐减。如果不是因为修道院内的几座花园继续种植，园林玫瑰恐怕难以生存下去。当时欧洲人的花园只种植蔬菜、水果、药材之类的实用植物，因此玫瑰也仅仅被作为一种医药植物加以栽种。那时的玫瑰，还不像康乃馨，尤其是郁金香那样，在作为装饰性植物方面具有很重要的作用。灾难重重的14世纪令欧洲人意识到应该有用于欣赏和放松的花园。十字军的东征为欧洲大陆带来了东方的造园艺术，同时也带来了法国蔷薇与大马士革玫瑰。从左边这幅14世纪意大利医学论文的插图中就可以看出，玫瑰（很可能是大马士革玫瑰）已开始在花园中广为栽种。

来自亚洲的玫瑰

　　几乎所有园林玫瑰的祖先都来自亚洲，它们通过杂交繁殖，生成了我们今天看到的五彩缤纷的玫瑰。没有它们，就不会有一季多次开花的玫瑰，不会有黄色和深红色的玫瑰，也不会有攀援玫瑰。

"斯莱特深红色蔷薇" 是1789年一位英国人在加尔各答一座花园里发现，并把它带到英国的。1798年，塞尔斯和托利在梅尔梅森玫瑰园中对它进行培育。

波旁玫瑰 长势极强的平展型灌木玫瑰，由月季和大马士革玫瑰杂交而成。这种玫瑰开有半重瓣粉红色的花，在秋季盛开。

茶香玫瑰 与月季的关系非常近，但它开的花更多，更香，花瓣是半重瓣，颜色是黄色或杏黄色，最早在中国栽培。它的花瓣及叶子在挤碎后散发出来的香气，非常容易使人想起碾碎的茶叶的味道。

中国月季的贡献

　　1684年，英国在当时中国唯一开放对外贸易的广州开设了东印度公司的一个分公司。大量植物便通过这家公司来到了英国。不少玫瑰是在18世纪末、19世纪初被人带到欧洲的，但大多数玫瑰还是欧内斯特·H.威尔逊（Ernest H. Wilson，1876—1930）带过去的。威尔逊在1906年至1919年间分别到中国、日本和朝鲜旅游，并向欧洲引进了很多宝贵的植物，用于在园林中培育。这一时期引入欧洲的月季对玫瑰的育种具有很重要的作用。原因有两个：首先，因为它一季可多次开花；其次，因为它的花的颜色是红色。在这种蔷薇被引进以前，欧洲没有哪个玫瑰品种会开出这么红的花来。因而可以说，所有暗红色的玫瑰都是来自这一品种。同时，中国原种的茶香玫瑰为西方玫瑰增添了优雅的黄色和独特的芳香。

欧内斯特·H.威尔逊

中国月季为西方的玫瑰带来了深红和黄色。

玫瑰的人工育种

首批玫瑰育种专家是18世纪末、19世纪初的法国人，他们在巴黎郊外的实验得到了约瑟芬皇后的大力支持。早期的品种通过扦插法、压条法、硬木切割法，偶尔还通过芽嫁接法进行繁殖。在19世纪初，一位法国玫瑰育种家通过人工授粉培育出了第一批新品种。

除通过培育普罗旺斯玫瑰育种在荷兰有初步收获外，人们真正对玫瑰进行育种应是从亚洲引进大量品种之后开始的。美洲玫瑰的引进在这里并没有太大意义，因为用美洲野生品种进行杂交并没有在商业上产生可行的结果。

人工育种使一株玫瑰开出了不同的花朵。

孟德尔（1822—1884）的《植物杂交实验》在1866年出版后，起初并没有直接引起玫瑰育种家们的注意。直到20世纪初，他的遗传学发现成果才在植物育种中被接受。通过遗传学方法进行的控制育种使玫瑰育种发生了革命性的变化，致使现在已有12000多个玫瑰品种，并且每年还不断产生新的品种。

19世纪兴起的人工控制育种实验使专业的园艺师队伍极其壮大。

现代玫瑰

"现代玫瑰"一词直到1867年才开始使用，当时正值第一批杂种茶香玫瑰（大花灌木）引进欧洲。一般而言，现代玫瑰的市场生命期限都不是很长，尽管许多古典玫瑰品种都已有150年以上的寿命。今天，市场上的大多数玫瑰品种只有5年多的寿命，之后，人们就会用更新一些的、经过改良的品种加以取代。

人们认为，四季开花玫瑰是古典玫瑰和现代玫瑰之间的连接纽带。它们在19世纪的后半个世纪掀起了真正的育种热潮。很难说清它起源于什么地方，因为所有重要的园林玫瑰群都对它的形成起了促进作用。以下图示均为现代园林玫瑰最重要的类群。

大花玫瑰：多次开花的直立型灌木玫瑰，花朵中心紧密高耸，芳香重瓣，单生或以3的倍数丛生，花期在夏、秋之间。

灌木玫瑰：变化繁多的玫瑰类别，多数可多次开花，范围从矮生、堆生的栽培种到植被广阔的灌木型都有。

地被玫瑰：呈蔓生或平展的姿态，大部分多次开花，叶片较小，花朵3～11朵丛生。花期在夏、秋之间。

丛花灌木玫瑰：也叫丰花玫瑰，多次开花的直立灌木玫瑰，偶有香味，介于单瓣和完全重瓣之间，花丛由3～25朵花所组成。花期在夏、秋之间。

微型玫瑰：大花和丛花玫瑰的缩小版，主要适应盆栽和特别用途。

攀援玫瑰：枝条长且直，攀援生长。花朵单生或丛生，暮春到秋季间开花。

蔓藤玫瑰：枝条柔软具弹性，附着攀援性强。夏季开花，3～21朵丛生，单瓣到完全重瓣都有。

多花玫瑰：强健密实的多次开花型灌木玫瑰，夏、秋季绽放小花。

杂种茶香玫瑰

杂种茶香玫瑰的母本来自中国，这种开花较大的灌木是现代园林玫瑰中最大的一个群，其中6000多个品种都是自19世纪末后开始培育出来的。但经常性地杂交，同系繁殖，以及为了实现某些特定的育种目标，使得杂种茶香玫瑰退化很多。杂交品种大多已失去了它们原有的香气。在与奥地利铜蔷薇杂交后，它们的抗病能力也大大降低，尽管它们的颜色范围也确实变大，开始出现纯净的黄色和桔红色。

玫瑰的医药用途

11世纪拜占廷时期复制的《药物学》抄本

无论是西方还是东方都仍在用玫瑰来制药。中药用的主要是日本玫瑰及野玫瑰。在古埃及，人们认为玫瑰是一种能治疗百病的灵药，因为出产很少，埃及便从克里特岛或塞浦路斯（这两个地方都有大型玫瑰园）进口玫瑰。这些玫瑰被用来制作玫瑰水和玫瑰香膏以供贵族享用。泰奥弗拉斯托斯（Theophrastus,公元前371—前287年）在他的《植物调查》中提到了玫瑰。公元1世纪迪奥斯科里兹在他的《药物学》一书中用一个章节描述过园林玫瑰。书中提到玫瑰具有冷却及收敛作用，可用于治疗头痛、耳痛，及眼、嘴、牙龈、肛门等部位的疼痛。罗马唯一一位科学家老普林尼（Pliny the Elder,公元23—79年），也在他的《博物志》中强调了玫瑰的医疗作用。他建议用它来治疗脾肠疾病，出血及胸膜炎等。

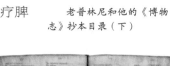

老普林尼和他的《博物志》抄本目录（下）

玫瑰制剂在阿拉伯医药中也扮演着重要角色，这幅16世纪的阿拉伯医学著作的插图中表现的是妇女们正在饮用玫瑰水，吃玫瑰果。

12世纪，欧洲人首次发现了玫瑰果浆的用途。人们在今天仍然使用这种果浆，它可以用来治疗感冒、头痛，并可退烧。在阿尔卑斯山北部，玫瑰作为有用的植物，而不是装饰性植物，被种植在修道院的花园及小型的药草园里。一位12世纪的女修道院院长这样写道："玫瑰虽冷，但这种冷有着很好的用途。在黎明时采几瓣玫瑰花瓣，放到眼睛上，它们会使你的双眼清澈，摆脱倦意。"16世纪以后，玫瑰的治疗用途得到了极广泛的认同，人们常用于医疗的有玫瑰花瓣、根部的茎皮、犬蔷薇的新鲜果实、玫瑰水。近代的药剂师还用苔状玫瑰虫瘿治疗失眠，用将药剂师玫瑰的干芽浸泡到酒醋中的玫瑰醋消除疲劳、治疗阳萎。

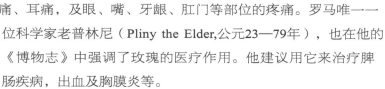

野玫瑰在中药中常见。

日本玫瑰在传统中药中被用来退烧，也治疗口干、疟疾、腹泻及皮肤出血。

日本玫瑰

在今天的中药房中，仍可找到这种日本玫瑰的干叶片，它具有多方面的疗效。

玫瑰果可作为驱虫剂。

玫瑰花瓣有放松和令皮肤娇艳的作用，自古以来都是君王与美人的宠物。

玫瑰花瓣还可用于治疗眼部发炎，胆囊疾病，并可作为泻药。

药剂师玫瑰是药物治疗中用得最多的一种玫瑰，有证据表明，这种玫瑰早在1310年就开始在法国巴黎东南部一个名为普罗旺斯的村子大量栽培，该地作为其栽培中心继续存在了600多年。这种深红色玫瑰香气宜人，花瓣为单瓣或半重瓣。

用普罗旺斯玫瑰和法国蔷薇的花制成的玫瑰水是最重要的药物，它在8世纪和9世纪时已成为一种重要的日用品，直到一段时间过后才被玫瑰油所取代。玫瑰水也被用来改善药物的味道。

犬蔷薇的新鲜果实可作为利尿剂、制冷剂和收敛剂。它们还是维生素C的宝贵来源，其含量高于橙子许多倍。玫瑰果还可用来制作玫瑰果茶和果酱。

犬蔷薇根部的茎皮，可治疗被患狂犬病的狗咬伤。

药剂师玫瑰在这部16世纪的药用植物书籍中得到了很精细的描绘。

切罗基玫瑰在古代被用来治疗不孕症。

玫瑰的香味

英国拉斐尔前派画家渥特豪斯（Waterhouse）的画中人正陶醉于玫瑰之香。

自古希腊及古罗马时代起，人们就开始用各种形式来获取玫瑰花的香味。那时候许多能发出香味的药膏便是通过从玫瑰花瓣中提取出来的油脂制作而成的。然而，在阿拉伯人发明出蒸气蒸馏以前，要提取玫瑰的纯香精油是不可能的。今天，各种各样的大马士革玫瑰是最重要的一种提取香精油的玫瑰。在1700年左右，土耳其人将香精油玫瑰的栽培引入了巴尔干地区，但这种玫瑰似乎只喜欢在保加利亚色雷斯北部的"玫瑰谷"生长。但如今，土耳其安纳托利亚山脉的"保加利亚玫瑰油"产量已超过了它的原产国，这些山脉海拔1000米左右，其生态环境特别适合栽种大马士革玫瑰。

保加利亚玫瑰油不仅用于药理学和医学当中，还用于香水和化妆品工业。不过目前提取香精油的玫瑰在品种上已有所增加。比如，在摩洛哥，一种香精油就是通过蒸馏法从普罗旺斯玫瑰中提取出来的，它与保加利亚玫瑰油的组成有些相似，但还有一些不同的香味。在法国南部的香水镇格拉斯，用的则是普罗旺斯玫瑰和法国蔷薇的杂交品种。

航天卫星拍摄的土耳其安纳托利亚山脉中大约30.5～38公里范围里的玫瑰种植地区。其中粉红色部分为成片开花的玫瑰。

公元前7世纪腓尼基人制作的玻璃香水瓶，显示当时的香水生产和贸易已十分发达。

伊莉莎白·雅顿的第五大道（5th Avenue）以玫瑰为中调营造独具格调的香氛。

著名的夏奈尔5号（Chanel No.5）的玫瑰中调已经受了80多年的时间考验，并成为玛丽莲·梦露夜里的"唯一着装"。

大马士革玫瑰是提炼香精油的首选品种。

兰蔻的香水"诗"（Poeme）以浓郁的玫瑰调诠释"诗"的主题。

香精油的提炼

目前普遍用蒸馏法提取玫瑰花瓣中蕴含的珍贵香精油(Essential Oil)。一般从2000公斤新鲜花瓣中只能提取一公斤香精油。一滴香精油中的化学成分相当于30杯玫瑰液的含量，其中包含100～400种化学物质，所以有极为广泛的用途。图为家庭作坊式的香精油提取装置。

卡地亚的"唯我独尊"（Must de Cartier）也以玫瑰勾画王者之香。

花朵晒干可为百花香及香袋调色和增香。

这种皂石熏香瓶自古以来就用于熏发香精。

植物志中的玫瑰及玫瑰分类起源

在日心说取代地心说后，植物学也发生了翻天覆地的变化。奥托·布朗菲尔斯（Otto Brunfels，1488—1534年）、希罗尼默斯·鲍克（Hieronymus Bock，1498—1554年）与林恩哈特·法奇（Leonhart Fuchs，1501—1566年）三位德国学者，都对植物进行了汇总，并都在介绍植物时随附了写实的版画插图。在布朗菲尔斯1532年的著作《Contrafayt Kreuterbuch》中，里面只有一幅玫瑰插图，画的很可能是大马士革玫瑰。鲍克在他的著作中则用两章的篇幅对野生石南玫瑰及人工栽培的园林玫瑰分别予以介绍，同时他比较详尽地介绍了玫瑰的医药属性。

林恩哈特·法奇在其著作中以插图的形式介绍了植物图谱的绘制过程。

法奇的著作《De historia stirpium》于1542年出版，它的德语版的书名是《New Kreiiterbuch》，是植物学文献中最重要的一部。该书内容近900页，附511幅木版画，对每一种植物都用了一整页加以说明。他在《玫瑰》这一章中对野生（类）玫瑰和园林玫瑰进行了区分："玫瑰有两种类型，野生玫瑰和栽培玫瑰。种在花园里的栽培玫瑰要么是红色，要么是白色，有单瓣花，也有重瓣花。"

这三位德国植物学家发表的作品，整体上对西方的植物学起了巨大的推进作用，大批植物学著作如雨后春笋般涌现。

自16世纪起，植物学家们就一直想把大量植物纳入一个分类体系，从而有可能对其进行整体描绘。同时，单个种类应当有一个简洁的名字。凯斯帕·伯辛（Caspar Bauhim，1560—1624年）在1623年出版的著作《Pinax theatri botanici》中，对所有当时知名的植物种类（近6000种）进行了总结，其中37种是玫瑰。他通过这本书，率先对属和

林恩哈特·法奇用这幅插图来描述玫瑰的种群。图中画的是法国蔷薇，显示了开有单瓣花和重瓣花的同一植物的不同类型。

16世纪初奥托·布朗菲尔斯的植物学著作中已有十分写实的插图。左图右下角的花卉即为大马士革玫瑰。

18世纪中期，卡尔·李内的这部著作为植物的分类和命名制定了科学的体系，这个体系沿用至今。

凯斯帕·伯辛出版于17世纪初的这部著作，率先对植物的种属进行了区分。

种进行了系统区分。他将他的"Rosa"群分为园林玫瑰和野生玫瑰，并为17种园林玫瑰和19种野生玫瑰取了名字。

伯辛的命名和分类法几乎全部由卡尔·李内（Carl linné，1707—1778年）采用，其中玫瑰就是一例。李内在著作《Species plantarum》中，创造了二项式命名体系，这种体系至今仍在使用。根据这一体系，一种植物的名字由两部分组成，名词部分是属名，如Rosa，后面的形容词部分是种名，如canina。这种体系废除了此前由伯辛采用的一些较长的习语，像"Rosa sylvestris vulgaris，flore odorato incarnato"，就是伯

辛为同样一种植物所用的名字。今天，我们仍能感觉到李内所产生的影响力，因为他创造的这个体系至今仍在使用。由于《Species plantarum》可以说是植物学命名的起点，所以国际上普遍认为，一种植物第一个有记录的名字，有效性最大。作为栽培植物，玫瑰品种的名字主要分三个层次：属，种和变种（栽培变种），其中变种所处的层次最低。属和种的名字用的都是拉丁文，而变种名称用的则是现代语言，同时用单引号标注（'…'）。

东亚植物志中的玫瑰

中国古代的植物志中对玫瑰的描述常见于药用一类。作为一种虽原产于中国，但并不十分受到推崇的花卉，玫瑰的地位远低于牡丹、梅花和兰花。因此，国画中也很难见到对玫瑰的专门描绘。直到19世纪中后期，玫瑰才开始见于一些工笔画家的笔下，但并未成为专门研究的花卉。

1666年由日本新儒家学者Tekisai Naka-mura（1629—1702年）编写的一本自然史百科全书中，专门提到了玫瑰。当时正值日本大规模输入中国文化的时期，出现了大量百科全书类的书籍。这部1666年出

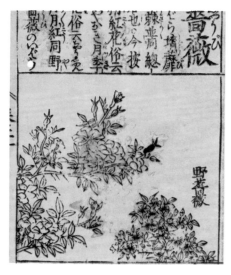

17世纪的日本学者在该插图中描绘了野生玫瑰（右上）和园林玫瑰之间的差异。

中国清代画家居廉(1828—1904年)这幅绘于丝绢上的《花卉昆虫图》，以精细的工笔描绘了月季的形态，甚至对月季上常见的毛虫也有描绘。

版的百科全书分几大卷，包括许多与生物有关的木版画，像鸟类、矿石，及含玫瑰在内的植物近250种。每一幅木版画插图都以从中国传入的方式绘制和刻版。就像欧洲的植物志一样，这本日本的百科全书中关于玫瑰的插图也表现了野生玫瑰和园林玫瑰之间的差异。这本百科全书很快就流传到了西方，产生了一定影响。

欧洲早期插图作品中的玫瑰

在19世纪，越来越多的植物学专著都以描述玫瑰的种为主，其中包括几部附有各种各样大版插图的植物巨著。在德国，一部分两卷，附插图的玫瑰专集得以出版。它是莱比锡国际与自然法教授兼园艺作家卡尔·高特洛伯·罗希格（Carl Gottlob Roessig，1752—1805年）的作品，名为《来自大自然的玫瑰》（1802—1820年）。但这部作品并没有在植物界引起很大注意。19世纪初，英国植物学家兼植物画家亨利·C.安德鲁斯（Henry C. Andrews，1770—1830年），出版了一部关于玫瑰种的专著：《玫瑰》（1805—1828年）。这部分为两卷的著作包括129幅铜版版画，其中有一幅是画得最早的茶香玫瑰。

在植物学方面最有影响的玫瑰专集，当属另一位植物学家约翰·林立（John Lindley，1799—1865年）

的作品。他是伦敦皇家园艺协会的秘书，任职时间长达40年，写有数部植物学著作。他是一位重要的科学家，一位颇有天赋的制图员。他还对培育植物有着浓厚的兴趣。他的玫瑰专著《玫瑰植物学历史专论》（1820年）对100种玫瑰进行了描述，并对每种玫瑰的各组成部分进行了详细的介绍。他自己亲自为连同源自美洲的牧场玫瑰在内的19种玫瑰画了插图。对于某些玫瑰，他还参考了雷杜德的插图。尽管林立的玫瑰专著并没有清楚地标明所有玫瑰，但人们还是把它当作参考书，一直用了150年的时间。

约翰·林立的玫瑰分类专著直到20世纪70年代仍然是重要的专业参考书。

约翰·林立绘制的牧场玫瑰（左图）参考了雷杜德描绘的同品种玫瑰（右图）。

玫瑰，特别是红玫瑰，在罗马也是君王权威的象征。热衷考古的阿尔玛－苔德玛爵士（Lawrence Alma-Tadema，1837—1912年）在这里再现了罗马时期的妇女们铺撒玫瑰花瓣，迎接皇帝来临的情景。

艺术中的玫瑰与象征

　　玫瑰是西方传统中的经典之花，在不同的历史时期，它分别是心灵、神圣、浪漫、肉体之爱甚至宇宙之轮的中心的象征符号。它的美丽、芳香和开放时间的短暂，令它与爱情、死亡和宇宙之谜紧密相关。

　　根据希腊神话传说，玫瑰是从垂死的美少年阿多尼斯的鲜血中生长出来的。因为阿多尼斯是爱与美的女神阿芙洛狄特爱恋的对象，所以它成了爱神的象征。尽管早在希腊时期，人们就在诗

方丹－拉图尔（Henri Fantin-Latour，1836—1904年）这幅画中的玫瑰在黑暗的背景中似乎要燃放出光芒。这些被剪下来的玫瑰，因其生命的短暂常被视为人类必死命运的象征。

歌中将玫瑰赞美为"花的王后"（如莎孚的《自然》诗集），但当时的玫瑰似乎并没有引起画家们多大的兴趣。直到克里特文明及迈锡尼文明兴起自然装饰之风后，玫瑰才成为艺术家们乐于表达的主题，并被改造成类似玫瑰形饰物的风格化形式。罗马时期的人们将玫瑰视为君王的象征，从公元前3世纪到罗马帝国衰落，文学和绘画中便经常出现玫瑰。然而由于罗马时代的玫瑰在艺术装饰作品中出现得过于普遍，其形式也由于装饰性的要求而过于抽象，所以反而很不容易被识别出来。

当基督教教堂在欧洲遍地开花时，先前一直象征爱神的玫瑰，转而开始象征殉教者和基督的受难和死亡。在中世纪，玫瑰成了仁爱与超世俗美的化身。它还是圣母玛利亚的首选象征，白色玫瑰代表她的谦逊，红玫瑰代表她的仁爱。从大约15世纪起，表现玫瑰的绘画作品更加频繁地出现在意大利文艺中，作品的精确性也越来越大。我们从这些绘画作品中至少可以看出三种玫瑰：红色、单瓣的法国蔷薇，白色、重瓣的约克白玫瑰，及它的粉红色形式。文艺复兴后，人们对玫瑰的推崇也越来越普遍，随着欧洲开始进行园林栽培，玫瑰也越来越成为一种装饰性植物，并成为世俗之爱的最重要象征。

由中亚传入希腊的阿斯塔特女神是司丰产和性爱的女神。19世纪画家罗塞蒂以玫瑰映衬她的肉欲之美。

在最著名的科隆派画家斯特凡·洛赫纳（Stefan Lochner，1405/15—1451年）画的这幅崇尚奉献的作品《玫瑰亭中的圣母玛利亚》中，玫瑰的象征意义得到了最完美的体现。

西风之神和花神正将刚诞生的女神吹送到岸边。

女神的身边飘落着粉红的玫瑰，每一朵都包藏着金色的花蕊，传说这些花正是在女神诞生时撒落人间的。

急于为阿芙洛狄特披上衣袍的山林水泽仙女腰中也系着粉红色玫瑰。传说她是女神的侍女之一。

这里的玫瑰均为约克白玫瑰的粉红色品种，在波提切利的其他绘画作品中也有所描绘。

波提切利（Botticelli,1445—1510年）在文艺复兴的早期绘制了这幅著名的《阿芙洛狄特的诞生》（约1485—1486年）。在这幅关于生命、美与知识为爱所统一的寓意画中，玫瑰显得相当引人注目。画家用这样一个典型的希腊主题，似乎在宣告复兴希腊伟大传统与精神的文艺复兴时代已经开始了。

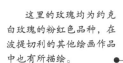

古希腊和古罗马时期的玫瑰

这只公元前350年左右的希腊瓶画上装饰着各种花卉，瓶口附近规则的花型即为玫瑰。

一个人在墙头高举着红玫瑰，表示爱的花园是所有世俗罪恶的避难所。

希腊神话中的美男子那喀索斯正痴情地凝视池塘水面自己的倒影。

玫瑰作为爱神的象征一直影响到基督教时期的欧洲。

玫瑰之于爱情的象征在这幅作品中得到传神体现，苔德玛笔下的罗马少女虽然在红玫瑰燃起的激情和男子恳切的眼神中深为所动，但却陷入了爱情中常见的犹豫。

玫瑰花瓣在古
希腊意味破碎与颓
废之美。

桌上放着散落的玫瑰和
空酒杯，暗示着需要疏散的
刚劲的浓情。

葡萄枝是酒神的经
典象征物，在这里代表
纵欲与陶醉。

19世纪末期，艺术中的唯美之风曾风行一时，因为玫瑰最完美地综合了这些唯美画家对古典世界和对自然美的狂热，所以成为他们最青睐的主题之一。图为英国的阿尔玛-苔德玛爵士表现的希腊宴饮中的午休场面。在双笛的奏鸣声中侧身而卧的老者和少年实际上是典型的古希腊男同性恋：智者与美少年的组合。

古希腊和古罗马时期的玫瑰

玫瑰多层的花瓣象征着获得神秘知识的不同阶段。从上往下看的形状作为的玫瑰花型饰物及哥特传统中的玫瑰均有宇宙之轮的象征意义。

在罗马神话中，丘比特用一朵玫瑰贿赂沉默之神，从而阻止了关于维纳斯不忠于丈夫的种种流言蜚语的流传。因此玫瑰又表示沉默和保密。

公证人手持羽毛笔、十字架和玫瑰，后者便表示他的身份所要求的保密与谨慎。

在公元1世纪的这幅罗马人的别墅壁画上，表现了玫瑰（右下角）与果树、花草所组成的庭园景象。

从罗马时期起，会议桌上方常悬置玫瑰或在桌子上绘玫瑰图案以表示此次对话为"sub rosa"——纯属私下交谈，不能公开。sub rosa协议即属机密性协议，需要双方保密。教堂也因此在忏悔室的木头或石头上刻玫瑰代表秘密，并象征忏悔印记神圣的一面。这一象征手法还有助于解释昆廷·麦希斯（Quentin Massys, 1465/66—1530年）的作品《公证人画像》。

白色、半重瓣的约克玫瑰。在基督教绘画中白玫瑰象征清白、纯洁和童贞，所以圣母玛利亚也被称为"天堂的玫瑰"。

17世纪神秘的玫瑰十字会将玫瑰置于其会标的中心，使十字架和宇宙之轮穿插环绕在它的周围。同时具有三者的含义。

红色的玫瑰应是法国蔷薇。红玫瑰代表着冲动、欲望与肉感之美，与白玫瑰一样，都是完美无瑕的象征。在这里，它象征的是圣母的仁爱。

马丁·舍恩高尔（Martin Schongauer,1435—1491年）创作于1473年的《玫瑰篱笆内的圣母玛利亚》，对玫瑰的表现已十分写实。

中世纪及文艺复兴时期的玫瑰

粉色的约克玫瑰是圣母的传统象征，也是波提切利最喜欢描绘的花朵。

在石棺中长出了玫瑰与百合，象征圣母的升天。

在波提切利这幅关于圣母子与童年施洗约翰的作品中，出现了许多粉红的约克玫瑰和两朵红色的法国蔷薇。这两朵红玫瑰在这里很明显象征着基督和约翰未来都将受难。

文艺复兴大师拉斐尔在表现圣母升天的荣耀时，也借用了红、白玫瑰的象征。

一位侍女正在采摘玫瑰。在这里，玫瑰象征着爱情所带来的精神与感官的快乐。

身处沙漠地区的伊斯兰人在园艺方面有极高的造诣，欧洲近代的造园艺术多由该地引进。

这幅14世纪早期的波斯细密画表现了伊斯兰人心目中人间天堂的胜景：繁花盛开的花园中，侍者如潮，一位波斯王子和他的中国王妃相敬如宾。

这幅15世纪的植物志的插图表现了一位妇女正在奉献白玫瑰。白玫瑰在基督教中也是永生的圣杯的标志，在罗马神话中也有类似的象征含义。

中世纪及文艺复兴时期的玫瑰

这种玫瑰形的装饰图案诞生于1590年前后意大利的帕多瓦市，这种图案在巴洛克式建筑和装饰中极其常见。

15世纪后，玫瑰作为最常见的装饰图案大量运用于包括画框在内的各种物品上。

这位黑衣人是创立多明尼哥教会的圣多明尼哥（1170—1221年）。据说念珠就是他构想出来的。

跪在教皇背后接受圣多明尼哥玫瑰花冠的人，很可能是当时一位著名的画坛赞助人。

玫瑰花冠的形式类似当时正流行的玫瑰念珠，这种念珠是祈祷时用来拨数的一串珠子。将代表圣母的玫瑰花串成花冠，因而更具象征意义。

北欧最伟大的画家丢勒（Durer,1471—1528年）在这幅祭坛画中，以圣母和圣徒普授玫瑰花冠的形式，表达了他"希望全世界整合成一个唯一的基督教"的理想。

在英国画家伯恩-琼斯爵士描绘的《睡美人》场景中，王子进入石南（一种多刺的蔷薇属植物）丛，与沉睡的公主相遇。为创作此画，伯恩-琼斯专门从好友的花园中借来石南枝，并要求一定要"像手腕那样粗，长着长长的、可怕的尖刺的"。这幅画是以画家的女儿为模特来创作睡美人，心理分析家认为，它表现了伯恩-琼斯在潜意识中要用石南枝来抵挡衰老和她纯洁的女儿被人占有。

在这幅16世纪英国画家尼古拉·希利亚德（Nicholas Hilliard，1547—1619年）所画的细密画中，粉白色的约克玫瑰几乎就是伊丽莎白时代的格调象征，表现着被禁的爱与爱所带来的痛苦。

近现代时期的玫瑰

18世纪风靡一时的法国塞夫勒瓷器以浓艳的色彩和精致富丽的镀金装饰而著称。最常见的颜色是深蓝、浅蓝和粉红，其中粉红色常为玫瑰图案。

詹·凡·修伊苏（Jan Van Huijsum，1682—1749年）美丽的花卉画中有描画得十分精细的普罗旺斯与大马士革玫瑰，虽然如此繁华，表达的仍是生命虚幻的主题。

拉斐尔前派画家罗塞蒂最喜欢用玫瑰来表现他"肉欲之爱"的主题，他的一系列画作中，无论是表现女神还是人间女子，玫瑰和酷似玫瑰的嘴唇其实都表达的是强烈的肉体欲望。

● 花丛中可以见到各种野生和园林玫瑰。

● 这种中高型的玫瑰是典型的月季杂交品种，由中国传入欧洲的月季当时已经成为玫瑰家族中的新宠。

● 玫瑰花枝以优美的曲线盘旋，自然的植物线条正是"新艺术运动"的鲜明特征。

穆哈（Alphonse Mucha，1860—1939年）是19世纪末期风行于欧洲的"新艺术运动"（Art Nouveau）的代表画家之一，这幅题为《玫瑰》的作品见于他著名的花卉系列。他的风格对20世纪的招贴、广告设计有极大的影响。

法国画家比亚兹莱（Aubrey Beardsley，1872—1898年）所表现的维纳斯如同一位傲慢的玫瑰御者。玫瑰在这里装点的显然不是"爱"，而是19世纪末唯美主义者们偏爱的主题：恶之花以及致命的美人。

近现代时期的玫瑰

20世纪的绘画大师莱热（Leger，1881—1955年）与其他热衷立体主义的画家类似，将女人体画出了钢铁般的形式，他所描绘的玫瑰也变得像铁钉一般尖锐。

这种玫瑰图案装饰的花瓶，是20世纪初风靡欧美的"装饰艺术运动"（Art Deco)中的典型设计，直到今天这一工艺运动的设计作品和理念仍有极大影响。

20世纪初工艺运动中创造的典型的以玫瑰为图案的玻璃镶嵌画。

这种由"新艺术运动"（Art Nouveau）的主将威廉·莫里斯（William Morris，1834—1896年）设计的图案几乎影响了整个20世纪的墙纸和花布设计。自然流畅的玫瑰图案极好地表现了该运动摈弃工业，回复自然和手工的主张。

Στέψον ἒν με καὶ λυρίζω,
Παρὰ σοῖς Διόνυσε, σηκοῖς,
Μετὰ Κόρης βαθυκόλπυ,
Ροδίνοισι σεφανίσκοις,
Πεπυκασμένος χορεύσω.

Anacreon Ode V.

Rosa centifolia.   Rosier à cent feuilles.

P.J. Redouté pinx.   Imprimerie de Rémond   Couton sculp.

包心玫瑰 "梅耶"

学名：*Rosa centifolia* L. 'Major' 英文名：Cabbage Rose

Rosa Sulfurea.

Rosier jaune de souffre.

P.J. Redouté pinx.

Imprimerie de Rémond

Langlois sculp.

硫磺薔薇

学名：*Rosa hemisphaerica* Herrm. 英文名：Sulphur Rose

小檗蔷薇

Rosa Berberifolia   *Rosier* a feuilles d'Épine-vinette.

P.J. Redouté pinx.   Imprimerie de Rémond   Chapuy Sculp.

学名：*Rosa persica* Michaux   英文名：Barberry Rose

粉叶蔷薇 "塞得里克·莫里斯爵士"   学名：*Rosa glauca* Pourret   英文名：Red-leaved Rose 'Sir Cedric Morris'

Rosa moschata.

Rosier musque.

P. J. Redouté pinx.

Imprimerie de Remond.

Chapuy Sculp

麝香玫瑰

学名:*Rosa Moschata* Herrm. 英文名:Musk Rose

Rosa Bracteata.

Rosier de Macartney.

P.J. Redouté pinx.

Imprimerie de Remond.

Chapuy sculp.

硕苞蔷薇　　　学名:*Rosa bracteata* Wendl. 英文名:Macartney Rose　别名：长青硕苞蔷薇、琉球野蔷薇

P. J. Redouté pinx.

Imprimerie de Rémond

Langlois sculp.

Rosa centifolia Bullata.
Rosier à feuilles de Laitue.

莴苣叶包心玫瑰 "千金玫瑰"

学名：*Rosa centifolia* L. 'Bullata' 英文名：Lettuce-leaved Cabbage Rose

Rosa muscosa multiplex. *Rosier mousseux à fleurs doubles.*

P. J. Redouté pinx.

Imprimerie de Rémond

Langlois sculp.

重瓣百叶玫瑰 "莫可撒"

学名：*Rosa centifolia* L. 'Muscosa'　英文名：Double Moss Rose
别名：五月玫瑰、伊斯帕罕玫瑰、摩洛哥玫瑰、苔玫瑰、苔藓玫瑰

Rosa muscosa.

Rosier mousseux.

P. J. Redouté pinx.   Imprimerie de Rémond.   Gouton sculp.

单瓣百叶玫瑰 "安诸斯"

学名：*Rosa centifolia* L. 'Andrewsii'   英文名：Single Moss Rose 'Andrewsii'
别名：五月玫瑰、伊斯帕罕玫瑰、摩洛哥玫瑰、苔玫瑰、苔藓玫瑰

Rosa Clynophylla.　　　　*Rosier à feuilles penchées.*

P. J. Redouté pinx.　　　　Imprimerie de Rémond　　　　Chapuy sculp.

垂叶蔷薇　　　　　　　　　　　学名：*Rosa clinophylla* Thory　英文名：Droopy- leaved Rose

Rosa Lucida.

Rosier Luisant.

P.J. Redouté pinx.

Imprimerie de Remond

Bessin sculp.

维吉尼亚玫瑰

学名:*Rosa virginiana* Herrm. 英文名:Virginia Rose

43

Rosa Kamtschatica.   *Rosier du Kamtschatka.*

P.J.Redouté pinx.   Imprimerie de Rémond.   Chapuy sculp.

日本玫瑰   学名:*Rosa rugosa* Thunb.   英文名:Japanese Rose   别名:日本蔷薇、皱叶蔷薇、努特卡玫瑰

44

Rosa Indica vulgaris.

P.J. Redouté pinx.   Imprimerie de Remond   Bessin sculp.

Rosier des Indes commun.

月季 "红脸月季"

学名：*Rosa chinensis* Jacq. 'Old Blush China'   英文名：China Rose 'Old Blush China'
别名：四季花、长春花、胜春

Rosa Indica.

Rosier des Indes.

P.J. Redouté pinx.

Imprimerie de Rémond.

Chapuy sculp.

月季 "月月红"　　　学名：*Rosa chinensis* Jacq. var. *semperflorens* Koehne　英文名：Monthly Rose　别名：四季花、胜春

仙女玫瑰

Rosa Indica acuminata.　　　*Rosier des Indes à pétales pointus.*

P. J. Redouté pinx.　　　Imprimerie de Remond　　　Chapuy sculp.

学名：*Rosa chinensis* Jacq. var. *minima* Voss.　英文名：Fairy Rose　别名：小月季、劳伦小姐的玫瑰

Rosa Montezuma.   *Rosier de Montezuma.*

P.J.Redouté pinx.   Imprimerie de Reimond.   Langlois sculp.

蒙特祖玛蔷薇   学名:*Rosa Canina* L. var. *montezumae* Humb.& Bonpl.   英文名:Montezuma Rose

Rosa Alpina pendulina.

P.J. Redouté pinx.

Imprimerie de Rémond

Bessin sculp.

阿尔卑斯玫瑰

学名：*Rosa pendulina* L.var. *pendulina*　英文名：Alpine Rose　别名：高山玫瑰

Rosa Indica fragrans. *Rosier des Indes odorant.*
(vulg. Bengale à odeur de thé.)

P. J. Redouté pinx.   Imprimerie de Rémond   Langlois sculp.

茶香玫瑰 "修姆的绯红茶香玫瑰"

学名：*Rosa ×orata* Sweet 'Hume's Blush Tea scented China'
英文名：Tea Rose 'Hume's Blush Tea scented China'　别名：中国绯红茶香玫瑰、月季花、四季花、胜春

Rosa Alpina Lævis. Rosier des Alpes à pédoncule et calice glabres.

P. J. Redouté pinx.   Imprimerie de Rémond.   Bossin sculp.

哈得孙湾玫瑰

学名：*Rosa blanda* Aiton   英文名：Hudson Bay Rose

Rosa Damascena, subalba.

Rosier de Damas à Pétale teinté de rose.

L.J. Redouté pinx.

Imprimerie de Remond.

Chapuy sculp.

绯红法国蔷薇 "都庞提"　　　学名：*Rosa ×dupontii* Desel.　英文名：Blush Gallica　别名：山白刺美洲茶蔷薇

Rosa Pomponia.

Rosier Pompon.

P.J. Redouté pinx.

Imprimerie de Rémond.

Langlois sculp.

百叶玫瑰 "德米奥克斯"　　　学名: *Rosa centifolia* L. 'De Meaux'　英文名: Moss Rose 'De Meaux'

苹果蔷薇

Rosa Villosa, Pomifera.

Rosier Velu, Pomifere.

P.J. Redouté pinx.   Imprimerie de Rémond.   Chapuy sculp.

学名：*Rosa villosa* L.   英文名：Apple Rose

Rosa Eglanteria.   *Rosier Eglantier.*

P. J. Redouté pinx.   Imprimerie de Rémond.   Langlois sculp.

奥地利黄蔷薇   学名:*Rosa foetida* Herrm.   英文名:Austrian Yellow Rose

Rosa Eglanteria var. punicea.

Rosier Eglantier var. couleur ponceau.

P.J. Redouté pinx.

Imprimerie de Rémond.

Coutan sculp.

奥地利铜蔷薇 "双色蔷薇"　　　　　学名: *Rosa foetida* Herrm. 'Bicolor'　英文名: Austrian Copper Rose

Rosa Gallica officinalis.　　*Rosier de Provins ordinaire.*

P.J. Redouté pinx.　　Imprimerie de Remond　　Langlois sculp.

药剂师玫瑰

学名：*Rosa gallica* L. 'Officinalis'　英文名：Apothecary's Rose
别名：兰开斯特红玫瑰

Rosa Centifolia simplex.

Rosier Centfeuilles à fleurs simples.

P. J. Redouté pinx.

Imprimerie de Remond

Chapuy sculp.

单瓣包心玫瑰 "塞普勒克斯"   学名：*Rosa centifolia* L. 'Simplex'   英文名：Single Cabbage Rose

Rosa Centifolia carnea.

Rosier Vilmorin.

P. J. Redouté pinx.

Imprimerie de Rémond.

Charlin sculp.

变种包心玫瑰

学名:*Rosa centifolia* L. cv.　英文名:Variety of Cabbage Rose

Rosa Carolina Corymbosa.

Rosier de Caroline en Corymbe.

P. J. Redouté pinx.

Imprimerie de Remond.

Langlois sculp.

草原蔷薇　　　　　　　　　　学名:*Rosa carolina* L.　英文名:Pasture Rose　别名: 卡罗莱纳蔷薇

Rosa Pimpinelli folia Mariœburgensis.   *Rosier de Marienbourg.*

P. J. Redouté pinx.   Imprimerie de Rémond   Chapuy sculp.

玛丽博格的伯内特蔷薇   学名:*Rosa pimpinellifolia* L. cv. 英文名:Burnet Rose of Marienburg

Rosa Muscosa alba

Rosier Mousseux à fleurs blanches.

P.J. Redouté pinx.   Imprimerie de Rémond.   Langlois sculp.

白色百叶玫瑰 "普罗旺斯晨曲"   学名：*Rosa centifolia* L. var. *muscosa* 'alba'   英文名：White Moss Rose

别名：五月玫瑰、伊斯帕罕玫瑰、摩洛哥玫瑰、苔玫瑰、苔藓玫瑰

Rosa Pimpinelli folia Pumila.　　*Petit Rosier Pimprenelle.*

P. J. Redouté pinx.　　Imprimerie de Rémond　　Chapuy Sculp.

伯内特蔷薇　　　　　学名：*Rosa pimpinellifolia* L. var. *pimpinellifolia*　英文名：Burnet Rose　别名：苏格兰石南

Rosa arvensis ovata.

Rosier des champs à fruits ovoïdes.

P. J. Redouté pinx.

Imprimerie de Rémond.

Chapuy sculp.

野地玫瑰

学名:*Rosa arvensis* Hudson　英文名:Field Rose　别名: 曳尾大蔷薇

64

Rosa Brevistyla leucochroa.

Rosier à court-style
(var. à fleurs jaunes et blanches).

宫廷玫瑰　　　　学名：*Rosa stylosa* Desv. var. *systyla*　　英文名：Short-styled Rose with Yellowish White Flowers

Rosa Rubiginosa triflora.   *Rosier Rouillé à trois fleurs.*

P.J. Redouté pinx.   Imprimerie de Remond.   Chapuy sculp.

变种甜石南   学名：*? Rosa rubiginosa* L. var. *umbellata*   英文名：Variety of Sweet Briar

Rosa alba Regalis

P. J. Redouté pinx.   *Imprimerie de Remond*   *Bessen sculp.*

Rosier blanc Royal.

白玫瑰 "少女的羞赧"

学名：*Rosa ×alba* L. 'Great Maiden's Blush'
英文名：White Rose 'Great Maiden's Blush'   别名：睡莲、美人

Rosa Hudsoniana Salicifolia.   *Rosier d'Hudson à feuilles de Saule.*

P. J. Redouté pinx.   Imprimerie de Rémond   Langlois sculp.

沼泽玫瑰   学名：*Rosa palustris* Marshall   英文名：Marsh Rose   别名：柳叶哈得孙湾玫瑰

Rosa Moschata flore semi-pleno.   *Rosier Muscade à fleurs semi-doubles.*

P. J. Redouté *pinx.*   *Imprimerie de Rémond.*   *Charlin sculp.*

半重瓣麝香玫瑰 "塞美普莱纳"   学名：*Rosa moschata* Herrm. 'Semiplena'   英文名：Semi-double Musk Rose

Rosa Redutea glauca.

Rosier Redouté à feuilles glauques.

瑞道特玫瑰

学名：*Rosa glauca* Pourret ×? *Rosa pimpinellifolia* L.　英文名：Redouté Rose

Rosa Redutea rubescens.

Rosier Redouté à tiges et à épines rouges.

P. J. Redouté pinx.

Imprimerie de Rémond.

Bessin Sculp.

红茎多刺瑞道特玫瑰

学名：*Rosa villosa* L. × *Rosa pimpinellifolia* L.
英文名：Redouté Rose with red stems and prickles

Rosa Cinnamomea Maialis.   *Rosier de Mai.*

P.J.Redouté pinx.   Imprimerie de Rémond.   Chapuy sculp.

重瓣五月玫瑰 "弗康迪西玛"

学名：*Rosa majalis* Herrm 'Foecundissima'
英文名：Double May Rose/ Whitsuntide Rose (syn)　别名：降灵节的玫瑰

Rosa bifera officinalis.

Rosier des Parfumeurs.

J. Redouté pinx.

Imprimerie de Rémond.

Langlois sculp.

秋季大马士革玫瑰　　　学名：*Rosa ×bifera* Pers.　英文名：Autumn Damask Rose　别名："帕埃斯图姆玫瑰"

Rosa Damascena Coccinea

Rosier de Portland.

P. J. Redouté pinx.

Imprimerie de Rémond

Bessin sculp

波特兰玫瑰 "波特兰公爵夫人"

学名: *Rosa hybrida* 'Duchess of Portland'

英文名: Portland Rose 'Duchess of Portland' 别名: 鲜红四季蔷薇

Rosa Centifolia mutabilis.

Rosier unique.

P. J. Redouté pinx.   Imprimerie de Rémond.   Bessin sculp.

包心玫瑰 "白色普罗旺斯" "唯一的布兰奇"

学名：*Rosa centifolia* L. 'Unique Blanche'
英文名：Cabbage Rose 'White Provence'

Rosa Centifolia Caryophyllea.

Rosier Œillet.

P. J. Redouté pinx.

Imprimerie de Rémond.

Charlin sculp.

变种包心玫瑰

学名：*Rosa centifolia* L. cv.　英文名：Carnation petalled variety of Cabbage Rose

别名：康乃馨花瓣玫瑰

Rosa Indica Pumila.

Rosier nain du Bengale.

重瓣微型玫瑰

学名：*Rosa chinensis* Jacq. var. *minima* Voss
英文名：Double Miniature Rose   别名：小月季、仙女玫瑰

Rosa alba flore pleno.

Rosier blanc ordinaire.

P. J. Redouté pinx.

Imprimerie de Rémond

Langlois sculp.

半重瓣白玫瑰 "塞美普莱纳"　　　　学名：*Rosa ×alba* L. 'Semiplena'　英文名：Semi-double White Rose

Rosa Pimpinelli folia rubra.
(Flore multiplici.)

Rosier Pimprenelle rouge.
(Variété à fleurs doubles.)

P.J. Redouté pinx.

Imprimerie de Rémond

Chapuy sculp.

伯内特蔷薇 "重瓣粉红苏格兰石南"

学名：*Rosa pimpinellifolia* L. 'Double pink Scotch Briar'
英文名：Burnet Rose 'Double pink Scotch Briar'

Rosa Bifera alba.   Rosier des quatre Saisons à fleurs blanches.

P. J. Redouté pinx.   Imprimerie de Remond.   Bessin sculp.

秋季大马士革白玫瑰

学名：*Rosa* ×*bifera* Pers.   英文名：White variety of Autumn Damask Rose
别名："帕埃斯图姆玫瑰"

Rosa Indica Cruenta.

Rosier du Bengale à fleurs pourpre de sang.

P. J. Redouté pinx.

Imprimerie de Remond

Langlois sculp.

月季 "斯莱特深红蔷薇"

学名：*Rosa chinensis* Jacq. var. *semperflorens* Koehne 'slater's Crimson China'
英文名：Monthly Rose 'Slater's Crimson China' 别名：长春花、四季花、月月红、胜春、胜花、胜红

Rosa Rubiginosa Cretica.

Rosier de Crête.

P.J. Redouté pinx.

Imprimerie de Remond.

Langlois sculp.

甜石南 朱红蔷薇

学名:*Rosa rubiginosa* L.　英文名:Sweet Briar/Rose Eglanteria

Rosa Turbinata.

Rosier de Francfort.

P. J. Redouté pinx.　　　Imprimerie de Remond　　　Bossin sculp.

"约瑟芬皇后" "法兰克福" 蔷薇　　　学名：*Rosa* 'Francofurtana'　英文名：'Empress Josephine'

Rosa Leucantha.

Rosier a fleurs blanches.

P. J. Redouté pinx

Imprimerie de Remond.

Langlois sculp

白花石南

学名:? *Rosa dumetorum* Thuill. 'Obtusifolia'   英名: White-flowered Rose

84

变种被绒毛玫瑰

Rosa fœtida.

Rosier à fruit fétide.

P. J. Redouté pinx.

Imprimerie de Remond.

Chapuy sculp.

学名 :? *Rosa tomentosa* Smith var. *britannica*
英文名 : Foul-fruited variety of Tomentose Rose　　别名：恶之果玫瑰

Rosa Gallica Versicolor.　　Rosier de France à fleurs panachées.

P. J. Redouté pinx.　　Imprimerie de Rémond　　Langlois sculp.

法国蔷薇 "五彩缤纷"　　学名: *Rosa gallica* L. 'Versicolor'　英文名: French Rose 'Versicolor'

Rosa Cinnamomea flore simplici.   Rosier de Mai à fleurs simples.

P. J. Redouté pinx.   Imprimerie de Remond.   Charlin sculp.

五月玫瑰   学名:*Rosa majalis* Herrm.   英文名:May Rose/Cinnamon Rose(syn.)   别名: 肉桂玫瑰

Rosa Damascena Variegata.

Rosier d'Yorck et de Lancastre.

P. J. Redouté pinx.

Imprimerie de Remond

Bessin sculp.

大马士革玫瑰 "约克与兰开斯特"

学名:*Rosa×damascena* Miller 'Versicolor'　英文名:Damask Rose 'York and Lancaster'
别名:都铎王朝蔷薇、斑纹大马士革玫瑰、斑纹四季蔷薇、五彩缤纷

Rosa Rubiginosa Zabeth.   *Eglantine de la Reine Elisabeth.*

P.J. Redouté pinx.   Imprimerie de Remond   Langlois sculp.

甜石南 "伊丽莎白"   学名：*Rosa rubiginosa* L. 'Zabeth'   英文名：Sweet Briar 'Zabeth'   别名：女王的甜石南

Rosa Rapa.

Rosier Turneps.

P. J. Redouté pinx.

Imprimerie de Remond

Charlin sculp.

"德阿莫玫瑰"

学名:? *Rosa ×rapa* Bosc　英文名:? 'Rose d'Amour'

安茹玫瑰

Rosa Andegavensis.

Rosier d'Anjou.

P.J. Redouté pinx.

Imprimerie de Remond.

Chapuy sculp.

学名：*Rosa canina* L. var. *andegavensis* Bast. 英文名：Anjou Rose

Rosa Centifolia Bipinnata.   Rosier à feuilles de Céleri.

P.J. Redouté pinx.   Imprimerie de Rémond.   Langlois sculp.

芹叶变种包心玫瑰   学名: *Rosa centifolia* L. cv.   英文名: Celery-leaved variety of Cabbage Rose

Rosa Collina fastigiata.

Rosier Nivellé.

P.J.Redouté pinx.

Imprimerie de Remond

Chapuy sculp.

平花山地玫瑰

学名:*? Rosa stylosa* var. *systyla* for. Fastigiata　英文名:Flat - flowered Hill Rose

Rosa Semper-Virens globosa.

Rosier grimpant à fruits globuleux.

P.I. Redouté pinx.

Imprimerie de Remond

Chapuy Sculp.

长青玫瑰

学名:*Rosa sempervirens* L.　英文名:Evergreen Rose

Rosa Gallica Regalis.

Rosier Gandeur Royale.

P.J. Redouté pinx.

Imprimerie de Remond

Bessin sculp.

皇家属地玫瑰

学名：*Rosa gallica* L. Hybr　英文名：Provins Royal/ Royal Province(syn.)

Rosa Gallica Purpurea Velutina, Parva.

Rosier de Van-Eeden.

P.I. Redouté pinx.

Imprimerie de Remond

Langlois sculp.

变种法国蔷薇 “托斯卡纳”　　　学名: *Rosa gallica* L. cv. ? 'Tuscany'　英文名: Variety of French Rose? 'Tuscany'

Rosa Orbeßanea.

Rosier d'Orbeßan.

P.J. Redouté pinx. Imprimerie de Rémond. Lemaire sculp.

"法兰克福" 蔷薇

学名:*Rosa* ×*francofurtana* Thory   英文名:? 'Francofurtana'

小花薔薇

Rosa Rubiginosa nemoralis.

L'Eglantine des bois.

P.J. Redouté pinx.

Imprimerie de Rémond

Chapuy sculp.

学名：*Rosa micrantha* Borrer var. *micrantha*　英文名：Small flowered Eglantine

变种仙女玫瑰

Rosa Indica Pumila.
(flore simplici).

Petit Rosier du Bengale.
(à fleurs simples).

P. J. Redouté pinx.

Imprimerie de Remond.

Chapuy sculp.

学名：*Rosa chinensis* Jacq. var. *minima* Voss cv.
英文名：Variety of Fairy Rose　　别名：小月季、劳伦小姐的玫瑰

Rosa Longifolia.

Rosier à feuilles de Pêcher.

P.J. Redouté pinx.

Imprimerie de Remond.

Charlin sculp.

月季 "长叶月季"

学名：*Rosa chinensis* Jacq. var. *longifolia* Rehder
英文名：China Rose 'Longifolia'　别名：长春花、胜春、胜花、胜红

Rosa Gallica.
(Purpuro-violacea magna.)

P. J. Redouté pinx.

Imprimerie de Remond

Langlois sculp.

法国蔷薇 "主教"

学名：*Rosa gallica* L. 'The Bishop'　英文名：French Rose 'The Bishop'

Rosa aciphylla.

Rosier cuspidé.

P. J. Redouté pinx.

Imprimerie de Remond.

Chapuy sculp.

针叶犬蔷薇　　　学名：*Rosa canina* L. var. *lutetiana* Baker for. aciphylla　英文名：Needle-leaved Dog Rose

102

Rosa Malmundariensis.　　*Rosier de Malmedy.*

马尔密迪蔷薇　　　　　学名：*Rosa dumalis* Bechstein var. *malmundariensis*　英文名：Malmedy Rose

Rosa Indica. Rosier du Bengale (Cent feuille).

P. J. Redouté pinx. Imprimerie de Remond Charlin sculp.

学名：*Rosa chinensis* Jacq. var. *minima* Voss　英文名：China Rose

月季　　别名：斗雪红、长春花、胜春、胜花、胜红

Rosa Indica.

La Bengale bichonne.

重瓣变种月季 "马提培塔拉"

学名：*Rosa chinensis* Jacq. 'Multipetala'　英文名：Double variety of China Rose
别名：长春花、四季花、月月红、胜春、胜花、胜红

Rosa Tomentosa.　　Rosier Cotonneux.

P.J.Redouté pinx.　　Imprimerie de Rémond.　　Langlois sculp.

被绒毛玫瑰　　　　学名：*Rosa tomentosa* Smith　英文名：Tomentose Rose /Harsh Downy-Rose　别名：刺绒毛玫瑰

Rosa Damascena aurora.   *Rosier Aurore Poniatowska.*

P. J. Redouté *pinx.*   *Imprimerie de Remond.*   *Chardin Sculp.*

白玫瑰 "天国玫瑰"   学名：*Rosa ×alba* L 'Celeste'   英文名：White Rose 'Celestial'

Rosa Banksiæ.

Rosier de Lady Banks.

P. J. Redouté pinx.   Imprimerie de Rémond   Chapuy sculp.

木香 "雪花王后"

学名：*Rosa banksiae* Aiton Fil. var. *banksiae* 'Alba Plena'
英文名：Banks Rose 'Lady Banksia Snowflake'   别名：木香藤

Rosa Candolleana Elegans.   *Rosier de Candolle.*

P.J. Redouté pinx.   Imprimerie de Rémond.   Langlois sculp.

德坎道玫瑰   学名：*Rosa ×reversa* Waldst. & Kit.   英文名：De Candolle Rose

Rosa Alba Cimbœfolia.   *Rosier blanc à feuilles de Chanvre.*

P.J. Redouté pinx.   Imprimerie de Rémond.   Bessin sculp.

白玫瑰 "船叶玫瑰"   学名: *Rosa × alba* L. 'À feuilles de Chanvre'   英文名: White Rose 'À feuilles de Chanvre'

变种长青玫瑰

Rosa sempervirens latifolia. *Rosier grimpant à grandes feuilles.*

P. J. Redouté pinx. Imprimerie de Rémond. Langlois sculp.

学名：*Rosa sempervirens* L. cv.　英文名：Variety of Evergreen Rose

Rosa Damascena.

Rosier de Cels.

P. J. Redouté pinx.

Imprimerie de Rémond

Charlin sculp.

大马士革玫瑰 "塞斯亚纳"　　　　学名:*Rosa* ×*damascena* Miller 'Celsiana'　英文名:Damask Rose 'Celsiana'

Rosa Canina nitens.   *Rosier Canin à feuilles luisantes.*

P. J. Redouté pinx.   Imprimerie de Rémond.   Lemaire sculp.

变种犬蔷薇

学名：*Rosa canina* L. var. *lutetiana* Baker　英文名：Variety of Dog Rose

斑纹哈得孙湾玫瑰

Rosa Alpina flore variegato.

Rosier des Alpes à fleurs panachées.

B. J. Redouté pinx.

Imprimerie de Remond.

Chapuy sculp.

学名：*Rosa blanda* Aiton cv.　英文名：Striped variety of Hudson Bay Rose

Rosa centifolia foliacea.

Rosier à cent feuilles, foliacé.

P.J. Redouté *pinx.*

Imprimerie de Rémond.

Langlois *Sculp.*

变种包心玫瑰

学名：*Rosa centifolia* L. cv. 英文名：Variety of Cabbage Rose

Rosa Pomponia flore subsimplici. *Rosier Pompon à fleurs presque simples.*

P. J. Redouté pinx. Imprimerie de Rémond Chapuy sculp.

变种包心玫瑰　　　　　　　　　　　学名:*Rosa centifolia* L. cv.　英文名:Variety of Cabbage Rose

Rosa sepium rosea.　　*Rosier des hayes à fleurs roses.*

P. J. Redouté pinx.　　Imprimerie de Remond.　　Lemaire sculp.

草地玫瑰　　　　　　学名：*Rosa agrestis* Savi var. *sepium* Thuill　英文名：Grassland Rose

Rosa Pumila.

Rosier d'Amour.

P.J. Redouté pinx.

Imprimerie de Rémond.

Bessin sculp.

蔓生法国蔷薇　　　　　　　　　　学名：*Rosa gallica* L. var. *pumila*　英文名：Creeping French Rose

Rosa Centifolia crenata.   *Rosier Centfeuilles à folioles crenélées.*

P.J.Redouté pinx.   Imprimerie de Remond   Chapuy Sculp.

变种包心玫瑰

学名: *Rosa centifolia* L. cv.   英文名: Variety of Cabbage Rose

Rosa Multiflora carnea.　　　　　　*Rosier Multiflore à fleurs carnées.*

P. J. Redouté pinx.　　　　　Imprimerie de Rémond　　　　　Talbeaux sculp.

粉红色重瓣野蔷薇

学名：*Rosa multiflora* Thunb. var. *multiflora*

英文名：Pink double Multiflora　　别名：大叶野蔷薇

Rosa Multiflora platyphylla.

P. J. Redouté pinx.　　　　　Imprimerie de Rémond.　　　　Rosier Multiflore à grandes feuilles.

Langlois sculp.

野薔薇 "七姊妹"

学名：*Rosa multiflora* Thunb. var. *platyphylla* Rehderet Wilson 'Seven Sisters Rose'

英文名：Multiflora 'Seven Sisters Rose'　　别名：大叶野蔷薇

Rosa Villosa Terebenthina.　　　Rosier Velu à odeur de Térébenthine.

P. J. Redouté pinx.　　　Imprimerie de Rémond.　　　Bessin sculp.

"康普里卡特"　　　　　　　　　　　　　学名: *Rosa* L. Hort　英文名: 'Complicata'

Rosa parvi-flora.

Rosier à petites fleurs.

P.J. Redouté pinx.

Imprimerie de Rémond.

Langlois sculp.

重瓣草原蔷薇 "普莱纳"   学名:*Rosa carolina* L.'Plena'   英文名:Double Pasture Rose   别名:卡罗莱纳蔷薇

Rosa Rubiginosa flore semi-pleno.   *Rosier Rouillé à fleurs semi-doubles.*

半重瓣甜石南 "塞美普莱纳"   学名:*Rosa rubiginosa* L. 'Semiplena'   英文名:Semi-double Sweet Briar

Rosa *Noisettiana*.

P. J. Redouté *pinx*.

Imprimerie de Rémond

Langlois *sculp*.

Rosier de *Philippe Noisette*.

诺伊斯特玫瑰　　　　　学名:? *Rosa ×noisettiana* Thory　英文名:? Noisette Rose　别名：诺瓦氏蔷薇

Rosa Indica subalba.

Rosier du Bengale à fleurs blanches.

P.J. Redouté pinx.

Imprimerie de Remond

Lemaire sculp.

变种月季 "长春花"

学名: *Rosa chinensis* Jacq. var. *semperflorens* Koehne cv.
英文名: Variety of Monthly Rose　　别名: 四季花、胜春、胜花

Rosa Nivea.

Rosier blanc de Neige.

P. J. Redouté pinx.   Imprimerie de Rémond   Langlois sculp.

切罗基玫瑰

学名：*Rosa laevigata* Michaux   英文名：Cherokee Rose

Rosa geminata.

Rosier à fleurs géminées.

双生玫瑰 　　　　　学名：*Rosa ×polliniana* Sprengel　英文名：Twin - flowered Rose

Rosa Dumetorum.

Rosier des Buissons.

荆棘蔷薇   学名：*Rosa corymbifera* Borkh.   英文名：Thorn-bushes Rose

Rosa Tomentosa.

Rosier Cotonneux.

P. J. Redouté pinx.

Imprimerie de Rémond.

Bessin sculp.

变种被绒毛玫瑰　　　　　　　　　　学名：*Rosa tomentosa* Smith cv.　英文名：Double variety of Tomentose Rose

Rosa mollissima.

Rosier à feuilles molles.

P. J. Redouté pinx.

Imprimerie de Remond.

Victor sculp.

半重瓣变种被绒毛玫瑰　　　　学名：*Rosa tomentosa* Smith cv.　英文名：Semi-double variety of Tomentose Rose

Rosa Gallica caerulea.   *Rosier de Provins à feuilles bleuâtres.*

P.J. Redouté pinx.   Imprimerie de Remond.   Eng. Talbaux sculp.

变种法国蔷薇   学名：*Rosa gallica* L. cv.   英文名：Variety of French Rose

Rosa Inermis.

Rosier Turbiné sans épines.

P.J. Redouté pinx.

Imprimerie de Rémond

Lemaire sculp.

波索特玫瑰

学名：*Rosa × L'Heritieranea* Thory cv.　英文名：Boursault Rose

“德阿莫玫瑰”

学名:? *Rosa ×rapa* Bosc　英文名:? 'Rose d' Amour'

Rosa Campanulata alba.　　*Rosier Campanulé à fleurs blanches.*

P. J. Redouté pinx.　　　　Imprimerie de Rémond　　　　Langlois sculp.

Rosa rubiginosa aculeatissima. *Rosier rouillé très épineux.*

P.J.Redouté pinx. Imprimerie de Remond. Chapuy Sculp.

变种甜石南

学名：*Rosa rubiginosa* L. var. *umbellata* 英文名：Variety of Sweet Briar

半重瓣变种伯内特蔷薇

Rosa Pimpinellifolia alba
flore multiplici.

Rosier Pimprenelle blanc
à fleurs doubles.

P. J. Redouté pinx.   Imprimerie de Rémond   Teillard sculp.

学名:*Rosa pimpinellifolia* L. cv.   英文名:Semi-double variety of Burnet Rose

Rosa centifolia Anglica rubra.

Rosier de Cumberland.

P.J. Redouté pinx.

Imprimerie de Remond.

Langlois sculp.

变种包心玫瑰

学名：*Rosa centifolia* L. cv.　英文名：Variety of Cabbage Rose

Rosa Pimpinellifolia flore variegato. La Pimprenelle aux Cent-Ecus.

P. J. Redouté pinx.   Imprimerie de Remond.   Langlois Sculp.

杂色变种伯内特蔷薇

学名：*Rosa pimpinellifolia* L. var. *ciphiana*
英文名：Variegated flowering variety of Burnet Rose   别名：苏格兰石南

Rosa Gallica Granatus.

Rosier de France à Pomme de Grenade.

P. J. Redouté pinx.

Imprimerie de Remond.

Victor sculp.

变种法国蔷薇　　　　　　　　　学名:*Rosa gallica* L. cv.　英文名:Variety of French Rose

Rosa sepium flore submultiplici.　　*Rosier des hayes à fleurs semi doubles.*

P.J. Redouté pinx.　　Imprimerie de Remond.　　Eug. Talleaux sculp.

半重瓣变种草地玫瑰　　　　　学名：*Rosa agrestis* Savi cv.　英文名：Semi-double variety of Grassland Rose

Rosa Hudsoniana scandens.

Rosier d'Hudson à tiges grimpantes.

P.J. Redouté pinx.

Imprimerie de Remond.

Tilliard Sculp.

半重瓣变种沼泽玫瑰   学名:? *Rosa palustris* Marshall cv.   英文名:Semi-double variety of Marsh Rose

Rosa Alpina vulgaris.

Rosier des Alpes commun.

P. J. Redouté pinx.

Imprimerie de Rémond.

Chapuy sculp.

阿尔卑斯玫瑰　　　　　　　　学名:*Rosa pendulina* L.var. *pendulina*　英文名:Alpine Rose　别名：高山玫瑰

Rosa Rosenbergiana.

Rosier de Rosenberg.

P. J. Redouté pinx.   Imprimerie de Rémond.   Langlois sculp.

"珊德的白色蔓生玫瑰"

学名:? *Rosa ×rapa* Bosc cv.   英文名:'Sander's White Rambler'

Rosa Centifolia Anemonoides. La Centfeuilles Anemone.

P. J. Redouté pinx.   Imprimerie de Rémond   Victor sculp.

包心玫瑰 "海葵玫瑰"   学名：*Rosa centifolia* L. 'Anemonoides'   英文名：Cabbage Rose 'Anemonoides'

Rosa hudsoniana Subcorymbosa. *Rosier d'hudson à fleurs presqu'en Corymbe.*

P.J. Redouté pinx.   Imprimerie de Remond.   Eug. Talbaux Sculp.

半重瓣变种沼泽玫瑰   学名：*Rosa palustris* Marshall cv.   英文名：Semi-double variety of Marsh Rose

Rosa Indica subviolacea.

Rosier des Indes à fleurs presque violettes.

P. J. Redouté pinx.

Imprimerie de Rémond

Langlois sculp.

月季 "胜红"

学名：*Rosa chinensis* Jacq. var. *semperflorens* Koehne
英文名：Monthly Rose　别名：长春花、四季花、月月红、胜花

Rosa Gallica Pontiana.

Rosier du Pont.

P. J. Redouté pinx.

Imprimerie de Rémond

Bessin sculp.

变种法国蔷薇

学名：*Rosa gallica* L. cv.　英文名：Variety of French Rose

Rosa gallica latifolia. *Rosier de Provins à grandes feuilles.*

P. J. Redouté *pinx.*   Imprimerie de Remond   Langlois *sculp.*

巨叶变种法国蔷薇   学名：*Rosa gallica* L.? ×*Rosa centifoli*a L.   英文名：Large-leaved variety of French Rose

Rosa Spinulifolia Dematratiana.   *Rosier Spinulé de Dematra.*

野生杂种阿尔卑斯玫瑰   学名：*Rosa ×spinulifolia* Dematra   英文名：Wild hybrid of Alpine Rose   别名：高山玫瑰

Rosa Bifera macrocarpa.　　*La Quatre Saisons Lelieur.*

P. J. Redouté pinx.　　　　Imprimerie de Rémond　　　　Victor sculp.

波特兰玫瑰 "杜瓦玫瑰"

学名：*Rosa* ×*damascena* Miller × *Rosa chinensis* Jacq. var. *semperflorens* Koehne'Rose du Roi'
英文名：Portland Rose 'Rose du Roi'　别名：鲜红四季蔷薇

Rosa Myriacantha.

Rosier à Mille-Épines.

P. J. Redouté pinx.

Imprimerie de Remond.

Chapuy sculp.

多刺变种伯内特蔷薇　　　学名:? *Rosa pimpinellifolia* L. var. *myriacantha* Ser.　英文名:Prickly variety of Burnet Rose

Rosa Damascena Celsiana prolifera.   Rosier de Cels à fleurs prolifères.

P. J. Redouté pinx.   Imprimerie de Remond.   Langlois Sculp.

大马士革玫瑰 "塞斯亚纳"   学名：*Rosa* ×*damascena* Miller Celsiana   英文名：Damask Rose 'Celsiana'

Rosa Alpina debilis.

Rosier *des Alpes à tiges foibles.*

P.J. Redouté *pinx.*

Imprimerie de Remond

Bessin sculp.

野生杂种阿尔卑斯玫瑰   学名:*? Rosa reversa* Waldst. & Kit   英文名:Wild hybrid of Alpine Rose   别名：高山玫瑰

Rosa alba foliacea.

La Blanche foliacée de fleury.

P. J. Redouté pinx.   Imprimerie de Remond   Victor Sculp.

翼形萼变种白玫瑰   学名：*Rosa × alba* L. cv.   英文名： Variety of White Rose with pinnate sepals

Rosa Eglanteria Luteola.

L'Eglantier Serin.

P.J. Redouté pinx.　　　　Imprimerie de Rémond.　　　　Langlois sculp.

"德克萨斯黄玫瑰"　　　　学名：*Rosa ×harisonii* Rivers 'Lutea'　　　英文名：'Yellow Rose of Texas'　　　别名："卢蒂"

Rosa l'Heritieranea.

Rosier l'Heritier.

P. J. Redouté pinx.

Imprimerie de Remond.

Victor sculp.

波索特玫瑰

学名：*Rosa* × *L'Heritieranea* Thory　英文名：Boursault Rose

Rosa Pimpinelli-folia inermis.   *Rosier Pimprenelle à tiges sans épines.*

P.J.Redouté pinx.   Imprimerie de Remond.   Langlois sculp.

无刺伯内特蔷薇   学名:? *Rosa pimpinellifolia* L. var. *inermis* Dc.   英文名:Thornless Burnet Rose

Rosa Rubiginosa anemone-flora.

Rosier Rouille à fleurs d'anemone.

P.J. Redouté pinx.

Imprimerie de Rémond.

Langlois sculp.

变种甜石南

学名：*Rosa rubiginosa* L. cv.　英文名：Variety of Sweet Briar

Rosa Gallica Aurelianensis   *La Duchesse d'Orléans.*

P. J. Redouté pinx.   Imprimerie de Remond   Langlois sculp.

法国蔷薇 "奥尔良公爵夫人"   学名：*Rosa gallica* L. cv. ? 'Duchesse d' Orléans'   英文名：French Rose ? 'Duchesse d' Orléans'

Rosa Biserrata.

Rosier des Montagnes à folioles bidentées.

P. J. Redouté pinx.

Imprimerie de Remond.

Chapuy Sculp.

重瓣锯齿马尔密迪蔷薇

学名：*Rosa dumalis* Bechstein var. *malmundariensis* for biserraa
英文名：? Double serrated Malmedy-Rose

"芭蕾舞伶"

Rosa Stylosa.

Rosier des Champs à tiges érigées.

P.J. Redouté pinx.

Imprimerie de Rémond

Chapuy sculp.

"芭蕾舞伶"　　　　　　　学名：*Rosa stylosa* Desv. var. *stylosa*　英文名：'Ballerrina'

Rosa Centifolia Burgundiaca. *La Cent-feuilles de Bordeaux.*

P. J. Redouté pinx.   Imprimerie de Remond.   Langlois sculp.

包心玫瑰 "荷兰娇"   学名：*Rosa centifolia* L. 'Petite de Hollande'   英文名：Cabbage Rose 'Petite de Hollande'

Rosa Gallica agatha. (Varietas parva violacea.) *La petite Renoncule violette.*

P. J. Redouté pinx.　　　Imprimerie de Rémond　　　Lemaire sculp.

变种法国蔷薇/变种包心玫瑰

学名：*Rosa gallica* L. cv. / *Rosa centifolia* L. cv.
英文名：Variety of French Rose or Cabbage Rose

Rosa Damascena Italica. *La Quatre-Saisons d'Italie.*

P.J.Redouté pinx.

Imprimerie de Remond

Victor Sculp.

变种大马士革玫瑰   学名：*Rosa ×damascena* Miller cv.   英文名：Variety of Damask Rose

Rosa Gallica agatha (var. Delphiniana). L'Enfant de France.

P.J. Redouté pinx.   Imprimerie de Remond.   Bessa Sculp.

变种法国蔷薇

学名：*Rosa gallica* L. cv.　英文名：Variety of French Rose

Rosa Indica Stelligera.

Le Bengale Etoilé.

P. J. Redouté pinx.

Imprimerie de Rémond.

Chapuy sculp.

变种月季 "月月红"

学名：*Rosa chinensis* Jacq. var. *semperflorens* Koehne cv.

英文名：Variety of Monthly Rose　别名：四季花、胜春

Rosa Indica Sertulata. 　　　　　　*Le Bengale à Bouquets.*

P.J. Redouté pinx. 　　　　　Imprimerie de Rémond. 　　　　　Langlois sculp.

变种月季 　　　　　　　　学名：*Rosa chinensis* Jacq. cv. 　英文名：Variety of China Rose

Rosa Gallica-Agatha. (Var. Regalis.)   *Rosier Agathe-Royale.*

P. J. Redouté pinx.

Imprimerie de Rémond.

Langlois sculp.

杂种法国蔷薇   学名:*Rosa gallica* L. -Hybr.   英文名:French Rose hybrid

Rosa Gallica Agatha. (var. Prolifera.)

Rosier Agathe Prolifere.

P. J. Redouté pinx.

Imprimerie de Remond.

Victor sculp.

变种法国蔷薇

学名：*Rosa gallica* L. cv.　英文名：Variety of French Rose

Rosa Gallica flore marmoreo.   *Rosier de Provins à fleurs marbrées.*

P. J. Redouté pinx.   Imprimerie de Rémond   Bessin sculp.

大理石纹变种法国蔷薇   学名：*Rosa gallica* L. cv.   英文名：Marbled variety of French Rose

Rosa Sepium Myrtifolia.   *Rosier des Hayes à feuilles de Myrte.*

P. J. Redouté pinx.   Imprimerie de Rémond   Langlois sculp.

草地玫瑰   学名：*Rosa agrestis* Savi   英文名：Grassland Rose

Rosa Gallica flore giganteo.   *Rosier de Provins à fleur gigantesque.*

P. J. Redouté pinx.   Imprimerie de Rémond   Victor sculp.

大花变种法国蔷薇   学名:*Rosa gallica* L. cv.   英文名:Large-flowered variety of French Rose

Rosa Gallica Stapeliæ flora. *Rosier de Provins à fleurs de Stapelie.*

P.J.Redouté pinx. Imprimerie de Rémond. Bessin sculp.

五角星花变种法国蔷薇 学名：*Rosa gallica* L. cv. 英文名：Stapelia-flowered variety of French Rose

Rosa Gallica rosea flore simplici.   *Rosier de Provins à fleurs roses et simples.*

P. J. Redouté pinx.   Imprimerie de Remond.   Langlois sculp.

法国蔷薇

学名：*Rosa gallica* L.   英文名：French Rose

Rosa Bifera pumila.　　　　　　　*Le petit Quatre-Saisons.*

P. J. Redouté pinx.　　　　Imprimerie de Rémond　　　　Lemaire sculp.

变种秋季大马士革玫瑰　　　　学名: *Rosa ×bifera* Pers. cv.　　英文名: Variety of small Autumn Damask Rose

Rosa farinosa.

Rosier farineux.

P.J.Redouté pinx.

Imprimerie de Rémond.

Victor sculp.

变种被绒毛玫瑰　　　　　学名：*Rosa tomentosa* Smith var. *farinosa*　英文名：Variety of Tomentose Rose

176

Rosa Centifolia prolifera foliacea.　　*La Cent feuilles prolifère foliacée.*

P. J. Redouté *pinx.*　　*Imprimerie de Remond*　　*Victor sculp.*

变种包心玫瑰　　　　　　学名：*Rosa centifolia* L. cv.　英文名：Variety of Cabbage Rose

Rosa Indica dichotoma.   *Le Bengale animating.*

P. J. Redouté pinx.　　　Imprimerie de Remond.　　　Chapuy sculp.

变种月季　　　　学名：*Rosa chinensis* Jacq. cv.　英文名：Variety of China　别名：四季花、月月红、长春花、胜春

Rosa Collina Monsoniana.

Rosier de Lady-Monson.

P. J. Redouté pinx.

Imprimerie de Remond.

Langlois sculp.

蒙森夫人玫瑰

学名:? *Rosa monsoniae* Lindley　英文名:Rose of Lady Monson

Rosa Indica Caryophyllea.　　　La Bengale Œillet.

P. J. Redouté pinx.　　　Imprimerie de Rémond.　　　Langlois Sculp.

月季 "长春花"　　　学名: *Rosa chinensis* Jacq. var. *semperflorens* Koehne　英文名: Monthly Rose
别名: 四季花、周周红、胜春、胜花、胜红

牧场蔷薇

Rosa Rubifolia.

Rosier à feuilles de Ronce.

P. J. Redouté pinx.

Imprimerie de Remond

Victor sculp.

学名：*Rosa setigera* Michaux　英文名：Prairie Rose

Rosa Eglanteria sub rubra.　　　　　　*L'Eglantier Cerise.*

P. J. Redouté pinx.　　　　　Imprimerie de Rémond　　　　　Langlois Sculp.

奥地利铜蔷薇　"双色蔷薇"　　　　　学名：*Rosa foetida* Herrm. 'Bicolor'　英文名：Austrian Copper Rose

杂种犬蔷薇

Rosa Canina grandiflora.

Rosier Canin à grandes fleurs.

P.J. Redouté pinx.

Imprimerie de Remond.

Lemaire sculp.

学名:*Rosa* ×*waitziana* Tratt. 英文名:Dog Rose hybrid

Rosa Gallica Agatha incarnata.

L'Agathe Carnée.

P. J. Redouté pinx.   Imprimerie de Remond   Langlois sculp.

杂种法国蔷薇 "阿加莎·因卡纳特"

学名：*Rosa gallica* L. 'Agatha Incarnata'
英文名：French Rose hybrid 'Agatha Incarnata'

Rosa Gallica Maheka. (flore subsimplici). Le Maheka à fleurs simples.

P.J.Redouté pinx. Imprimerie de Rémond Langlois Sculp.

法国蔷薇 "紫罗兰蔷薇"　　　　学名:*Rosa gallica* L. 'Violacea'　英文名:French Rose 'Violacea'

Rosa Reclinata flore simplici.   *Rosier à boutons renverses; Var. à fleurs simples.*

P.J. Redouté pinx.   Imprimerie de Rémond   Bessin Sculp.

单瓣变种波索特玫瑰   学名：*Rosa* × *L'Heritieranea* Thory cv.   英文名：Single variety of Boursault Rose

Rosa Reclinata flore sub multiplici. *Rosier à boutons penchés. (var. à fleurs semi doubles.)*

P.J. Redouté pinx. Imprimerie de Remond. Langlois Sculp.

波索特玫瑰

学名：*Rosa × L'Heritieranea* Thory 英文名：Boursault Rose

Rosa hispida Argentea.

Rosier hispide à fleurs Argentées.

P. J. Redouté pinx.

Imprimerie de Rémond

Lemaire Sculp.

杂种苹果蔷薇　　　　　　学名：*Rosa villosa* L. × *Rosa pimpinellifolia* L.　英文名：Apple Rose hybrid

Rosa Ventenatiana.

Rosier Ventenat.

P. J. Redouté pinx.

Imprimerie de Rémond

Victor Sculp.

杂种伯内特蔷薇

学名:*Rosa pimpinellifolia* L.-Hybr. 英文名:Burnet Rose hybrid

Rosa Bifera Variegata.   *La Quatre Saisons à feuilles panachées.*

P.J. Redouté pinx.   Imprimerie de Remond   Victor Sculp.

杂色秋季大马士革玫瑰   学名：*Rosa × bifera* Pers. cv.   英文名：Variegated variety of Autumn Damask Rose

Rosa sempervirens Leschenaultiana. *Le Rosier* Leschenault.

P.J. Redouté pinx. Imprimerie de Remond. Langlois sculp.

变种长青玫瑰　　　　　学名：*Rosa sempervirens* L. var. *leschenaultiana*　英文名：Variety of Evergreen Rose

Rosa Gallica Gueriniana.   Rosier Guerin.

P.J. Redouté pinx.   Imprimerie de Rémond   Langlois sculp.

杂种法国蔷薇   学名:? *Rosa gallica* L. × *Rosa chinensis* Jacq.   英文名:French Rose hybrid

Rosa indica Automnalis.   *Le Bengale d'Automne.*

P. J. Redouté pinx.   Imprimerie de Rémond.   Bessin Sculp.

秋季开花变种月季   学名：*Rosa chinensis* Jacq. cv.   英文名：Autumn-flowering Variety of China Rose

Rosa Evratina.   *Rosier d'Evrat.*

P. J. Redouté pinx.   Imprimerie de Rémond   Langlois Sculp.

赫特福德郡玫瑰   学名:? *Rosa evratina* Bosc.   英文名:Hertfordshire

Rosa Rubiginosa Vaillantiana.

L'Églantine de Vaillant.

"芭比·詹姆士"

学名:*? Rosa micrantha* Borrer var. *lactiflora*　英文名:'Bobbie James'

Rosa muscosa Anemone-flora.　*La Mousseuse de la Flèche.*

P. J. Redouté pinx.　Imprimerie de Remond　Victor Sculp.

变种百叶玫瑰　　　　　学名：*Rosa centifolia* L. var. *muscosa* cv.　英文名：Variety of Moss Rose
别名：五月玫瑰、伊斯帕罕玫瑰、摩洛哥玫瑰、苔玫瑰、苔藓玫瑰

Rosa Pomponiana muscosa.　Le Pompon mousseux.

P.J. Redouté pinx.　　　Imprimerie de Rémond　　　Victor sculp.

百叶玫瑰 "摩斯·德米奥克斯"　　学名：*Rosa centifolia* L. 'Mossy de Meaux'　英文名：Moss Rose 'Mossy de Meaux'
别名：五月玫瑰、伊斯帕罕玫瑰、摩洛哥玫瑰、苔玫瑰、苔藓玫瑰

Rosa indica fragrans flore simplici.　　*Le Bengale thé à fleurs simples.*

P.J.Redouté pinx.　　　　Imprimerie de Rémond.　　　　Victor sculp.

单瓣茶香玫瑰　　　　　　　学名：*Rosa ×odorata* Sweet cv.　英文名：Single variety of Tea Rose

别名：中国绯红茶香玫瑰、月季花、月月红、四季花

Rosa *Noisettiana purpurea.*   *Rosier* *Noisette à fleurs rouges.*

P.J. Redouté pinx.   Imprimerie de Remond   Langlois Sculp.

波索特玫瑰   学名:? *Rosa × L' Heritieranea* Thory   英文名 : Boursault Rose

Rosa Canina Burboniana. *Rosier de l'Ile de Bourbon.*

P.J. Redouté pinx.　　　Imprimerie de Rémond.　　　Langlois sculp.

波旁玫瑰　　　　　　　学名：*Rosa ×borboniana* N. Desp.　英文名：Bourbon Rose

Rosa Pomponia Burgundiaca.   *Le Pompon de Bourgogne.*

P. J. Redouté pinx.   Imprimerie de Remond   Langlois Sculp.

包心玫瑰 "勃艮第玫瑰" "小叶玫瑰"   学名：*Rosa centifolia* L. 'Parvifolia'   英文名：Cabbage Rose 'Burgundian Rose'

169幅玫瑰图谱的说明

P33 包心玫瑰 "梅耶"

学名：*Rosa centifolia* L. 'Major' *英文名*：Cabbage Rose

包心玫瑰属园林玫瑰，为普罗旺斯玫瑰的变种。普罗旺斯玫瑰为带刺灌木，可长到2米高，通常开白色到深红色、香气宜人的花，是自16~18世纪逐渐培育出来的一种复杂的杂种，品种繁多。

本图所绘之花冠，其花形酷似西洋包心菜，粉红色重瓣花，花瓣突出且半裂，叶梗上长有附属叶，小叶互生。比较特别的是，在近花冠的花茎处生有一枚单叶。

包心玫瑰作为玫瑰油的原料而被广为栽培。

P34 硫磺蔷薇

学名：*Rosa hemisphaerica* Herrm. *英文名*：Sulphur Rose

硫磺蔷薇为园林玫瑰，属灌木植物。株高约1~2米，枝干挺拔，叶梗上长有附属叶，羽状复叶，通常有5~7枚椭圆形小叶，互生，叶为灰绿色；因开近似硫磺色的重瓣花朵而得名，色泽十分纯净明艳，花期短暂。

据说源于亚洲西南部地区，早在1625年前就已传入欧洲。现主产于中东和美洲西南部，十分娇贵，许多园艺师颇爱培植鉴赏。

P35 小檗蔷薇

学名：*Rosa persica* Michaux *英文名*：Barberry Rose

小檗蔷薇为野生玫瑰，源自亚洲，生长在里海和咸海附近的盐质土壤中。灰褐色的枝干多枝节，尖利的棘刺散布于枝干上；灰绿色的小叶均为单叶，叶缘为锯齿形，这也是小檗蔷薇被认为是亚属蔷薇的原因之一，叶片脉络清晰，为椭圆形，且前端较尖；黄色的单瓣花朵，中心颜色为红褐色，花蕊为黄色。

P36 粉叶蔷薇 "塞得里克·莫里斯爵士"

学名：*Rosa glauca* Pourret *英文名*：Red-leaved Rose 'Sir Cedric Morris'

粉叶蔷薇为野生玫瑰，属灌木植物。枝条长且弯曲；枝叶平日为灰紫色，在避荫处却显现为灰绿色；开淡粉色单瓣花，显得娇小精致，且色轻味淡，虽然看上去并不抢眼，但是簇拥在一起的声势，足以弥补其先天的单薄，可见以粉叶蔷薇代表"美丽与繁荣"并不是没有道理的。

粉叶蔷薇源于中欧的山区，有关它的记录是在19世纪30年代才开始的。

P37 麝香玫瑰

学名：*Rosa Moschata* Herrm. *英文名*：Musk Rose

麝香玫瑰为野生玫瑰，是一种带刺的疏松灌木，株高可达1.2~1.8米。嫩枝稀疏，其刺略带红色；小叶互生，5~7枚，灰绿色；花期为仲夏至秋季，开纯白色单瓣花，簇生，雄蕊为柠檬黄色，因释放出浓郁的麝香味而得名"麝香玫瑰"，并广为栽培。

原产地不明，据说起源于北非，曾充当灌木蔷薇许多品种的母体。

P38 硕苞蔷薇

学名：*Rosa bracteata* Wendl. *英文名*：Macartney Rose

别名：长青硕苞蔷薇、琉球野蔷薇

中国野生玫瑰，属灌木植物。枝茎光滑或覆盖着细刚毛状小刺，本图所绘枝茎生有倒刺一对，可能与实际植株有所出入；羽状复叶，叶柄基部有倒刺一对，椭圆形或倒卵形小叶5~9枚，互生，叶缘为锯齿形；开大而香、乳白色的花，单生且花瓣为倒卵形；花萼被萼筒下方的数枚大苞片所包围是其名称的由来，苞片外面有小而密集的绒毛。麦卡特尼勋爵于1793年把这种蔷薇从中国带到了英国，中国台湾北部的沿海岸地区也有分布。

P39 莴苣叶包心玫瑰 "千金玫瑰"

学名：*Rosa centifolia* L. 'Bullata' *英文名*：Lettuce-leaved Cabbage Rose

莴苣叶包心玫瑰为园林玫瑰，是普罗旺斯玫瑰的变种。普罗旺斯玫瑰为带刺灌木，可长到2米高，通常开白色到深红色、香气宜人的花，是自16世纪至18世纪逐渐培育出来的一种复杂的杂种，有大量品种。

本图所绘之花冠为粉红色完全重瓣花，花形状如千金菜（生菜），故而得名，枝茎为浅红褐色，棘刺较多，其突出特点在于小叶长而阔，且微向背面卷曲。培育时间不明，据说应在1815年之前。包心玫瑰作为玫瑰油的原料而被广为栽培。

P40 重瓣百叶玫瑰 "莫可撒"

学名：*Rosa centifolia* L. 'Muscosa' *英文名*：Double Moss Rose

别名：五月玫瑰、伊斯帕罕玫瑰、摩洛哥玫瑰、苔玫瑰、苔藓玫瑰

百叶玫瑰因5月开花又得名五月玫瑰，为"红玫瑰"的子代。花柄具有粘性，有香腺，花香较浓郁，其花萼、花茎上长有密密的苔藓绒毛。本图所绘为粉红色重瓣百叶玫瑰，花瓣上泛着美丽的银色光泽。百叶玫瑰多用于提炼玫瑰油并因此而广泛种植。百叶玫瑰是一种古老的园林玫瑰，据说早在1700年前便起源于法国。为普罗旺斯玫瑰的变种，本身又拥有大量变种。

P41 单瓣百叶玫瑰 "安诸斯"

学名：*Rosa centifolia* L. 'Andrewsii' *英文名*：Single Moss Rose 'Andrewsii'

别名：五月玫瑰、伊斯帕罕玫瑰、摩洛哥玫瑰、苔玫瑰、苔藓玫瑰

百叶玫瑰是一种古老的园林玫瑰，据说早在1700年前便起源于法国。为普罗旺斯玫瑰的变种，本身又拥有大量变种，最明显的特点是花柄具有粘性，有香腺，花香较浓郁，其花萼、花茎上长有密集的苔藓状绒毛。本图所绘为粉红色单瓣百叶玫瑰，其花茎为绿色，成熟枝条略显红褐色，且具少量苔藓状绒毛；小叶3~5枚，中度绿色，边缘为锯齿形；结椭圆球形红色果实。百叶玫瑰多用于提炼玫瑰油并因此而广泛种植。

P42 垂叶蔷薇

学名：*Rosa clinophylla* Thory *英文名*：Droopy- leaved Rose

垂叶蔷薇，生长于热带地区，是一种亚属蔷薇，来自印度。株高1.2~1.8米，枝干纤细，枝节处长有棕褐色的针刺，花茎处布有硬毛；椭圆形的叶片为翠绿色，边缘为锯齿形，多为5~9枚，互生；7月开乳白色单瓣花，花瓣为心形，靠近花蕊部分的花瓣略带淡黄色，花蕊为金黄色。

P43 维吉尼亚玫瑰

学名：*Rosa virginiana* Herrm. *英文名*：Virginia Rose

维吉尼亚玫瑰为野生玫瑰的近代园林栽培品种，属灌木植物。茎直立，略带红色，高1.2~1.8米，茎上对生有稀疏的棘刺；羽状复叶，有附属叶，7~9枚小叶，互生，叶片肥厚而有光泽，叶色从紫色到黄色都有，叶缘为锯齿形；开粉红色单瓣花，花形硕大，花香柔和，花期长，5~8朵簇生，夜晚闭合；结小球形红果。其变种具有更深的花色和更大的花形。

原产于北美洲东部的维吉尼亚玫瑰具有很强的观赏性，且生长迅速，生命力极强。

P44 日本玫瑰

学名：*Rosa rugosa* Thunb. *英文名*：Japanese Rose

别名：日本蔷薇、皱纹蔷薇、努特卡玫瑰

日本玫瑰为野生玫瑰，属灌木植物，非常耐寒。茎较粗，长有密集的绒毛，刺极多；叶为深绿色，入秋变色，叶脉与皱纹明显；花单生，花色为粉红色或白色，夏季开花，气味芳香；夏末结红色果实，富含维生素C。

原产于日本北部的沿海沙丘和西伯利亚一带，19世纪晚期，原始日本玫瑰曾在英国被作为亲本，杂交培育出大量红色系列、黄色系列及白色变种。

在阿拉斯加，这种玫瑰又被称为"努特卡玫瑰"。

P45 月季 "红脸月季"

学名：*Rosa chinensis* Jacq. 'Old Blush China' *英文名*：China Rose 'Old Blush China'

别名：四季花、长春花、胜春

"红脸月季"别名"胜春""四季花"，主要为常绿或半常绿的有刺灌木。茎具有钩状皮刺，羽状复叶，呈中度绿色的小叶3~5枚，互生，有光泽；粉红色重瓣花呈杯型，较松散，微香。蔓状攀爬型"红脸月季"比直立型"红脸月季"开花稍小，却更显茂盛，可能互为变种。

"红脸月季"是已知的引入欧洲最早的多次开花月季，同时也是我们所知的现代多次开花玫瑰的重要亲本之一。

P46 月季 "月月红"

学名：*Rosa chinensis* Jacq. var. *semperflorens* Koehne

英文名：Monthly Rose *别名*：四季花、胜春

月季原产北半球，为野生玫瑰。花单生或排成伞房、圆锥花序，多连续开花，以5~6月及9~10月为盛开期。本图所绘为月季的变种，枝茎光滑，羽状复叶，小叶为倒卵形，前端较尖，大部分叶柄和附属叶为红褐色；开红色单瓣花，花瓣边缘有心形凹山，为深红色。

中国是月季的主要原产地，18世纪末19世纪初由中国传入欧洲。经复杂杂交后，花色有白、绿、蓝、红、淡红、粉红、黄、淡黄等；花蕾多卵圆形，花形丰富，单瓣至重瓣，淡香至浓香。

P47 仙女玫瑰
学名：*Rosa chinensis* Jacq. var. *minima* Voss. 英文名：Fairy Rose
别名：小月季、劳伦小姐的玫瑰

这是一种颇引人注目的多茎园林玫瑰，也叫劳伦小姐的玫瑰，属微型植物，株高约20～50厘米。枝茎纤细而柔弱，羽状复叶，3～5枚椭圆披针形小叶，互生；开淡粉色花，单瓣或半重瓣，花期较长，无味。本图所绘为单瓣花，近白色，花瓣边缘呈尖状突起处粉红色较深。

有证据表明，仙女玫瑰起源于中国，因其植株矮小，属微型月季群，所以又名"小月季"。

P48 蒙特祖玛蔷薇
学名：*Rosa Canina* L. var. *montezumae* Humb.& Bonpl. 英文名：Montezuma Rose

犬蔷薇是欧洲常见的野生玫瑰，属灌木植物。枝茎呈弓形或者是蔓生；小叶可以用于医药；花朵单生或簇生，且多为单瓣，蔷薇果是朱红色，是做酱、糖浆、茶和甜酒的重要原料。本图所绘的蔷薇是犬蔷薇的变异品种，生长在墨西哥北部的山谷中，少数生长在南半球。这种蔷薇株高0.9～1.2米，枝节较多；卵圆形小叶为中度绿色，多为5～7枚；春夏相交之际开单瓣花，单生，心型花瓣为粉红色，少有白色出现；花香淡雅柔和。

P49 阿尔卑斯玫瑰
学名：*Rosa pendulina* L.var. *pendulina* 英文名：Alpine Rose 别名：高山玫瑰

原产地在南欧和中欧大陆，灌木植物，1789年开始人工培育。株高约2米，枝茎光滑，几乎无刺，羽状复叶，有附属叶，7～9枚小叶，卵圆形，有叶尖，叶缘为锯齿形；每年春末夏初开花，簇生，每簇1～5朵，紫红色，黄色雄蕊，没有花香；结明亮的红色长颈瓶状果实。生长在海拔3000～4000米的雪线附近，难以采到，所以在阿尔卑斯山区的居民中流传着这样的风俗：当小伙子向姑娘求爱时，为了表示忠心，必须战胜重重困难，采来高山玫瑰，献给心爱的姑娘。

P50 茶香玫瑰 "修姆的绯红茶香玫瑰"
学名：*Rosa × orata* Sweet 'Hume's Blush Tea scented China'
英文名：Tea Rose 'Hume's Blush Tea scented China'
别名：中国绯红茶香玫瑰、月季花、四季花、胜春

"修姆的绯红茶香玫瑰"为常绿攀援玫瑰。枝条细长而光滑，具钩状皮刺，小叶通常3～5枚，深绿色，有光泽；开淡粉色、白色或黄色的重瓣花，花瓣较松散，雄蕊为柠檬黄色，花期较长，从春季下旬开始一直到冬天霜冻期来临而进入休眠期。其叶及花瓣碾碎后散发出一种特别的茶香味。据说这是19世纪初由一个叫修姆的人带入欧洲的最早的茶香玫瑰，是欧洲众多现代蔷薇的重要亲本之一，影响极其深远。

P51 哈得孙湾玫瑰
学名：*Rosa blanda* Aiton 英文名：Hudson Bay Rose

哈得孙湾玫瑰属灌木植物，原产地在北美洲。高约2米，枝茎光滑少刺；羽状复叶，有附属叶，蓝绿色小叶5～7枚，互生，阔卵圆形，有叶尖，叶缘为锯齿形；每年春季开单瓣花，具有强烈的花香，花色为浅红色，花瓣外缘有心形凹口，颜色稍深，黄色雄蕊；结梨形红色小果实。

P52 绯红法国蔷薇 "都庞提"
学名：*Rosa × dupontii* Desel. 英文名：Blush Gallica 别名：山白刺美洲茶蔷薇

绯红法国蔷薇是大马士革玫瑰与麝香蔷薇的杂交后的育种，商品名为"都庞提"。株干直立，枝节棘刺密集；叶片为灰绿色，略带绒毛；多枚乳白色的单瓣花同枝相栖，有时会略带一些粉红色；花香甜美，芳香异常，花期为盛夏时分，少有春秋二季开放。

"都庞提"，相传源自法国约瑟芬皇后位于马迈松的庭园。

P53 百叶玫瑰 "德米奥克斯"
学名：*Rosa centifolia* L. 'De Meaux' 英文名：Moss Rose 'De Meaux'
别名：伊斯帕罕玫瑰、摩洛哥玫瑰、苔玫瑰、苔藓玫瑰

因5月开花又得名"五月玫瑰"，为"红玫瑰"的子代。花柄具有粘性，有香腺，花香较浓郁，其花萼、花茎上长有密密的苔藓状绒毛。百叶玫瑰是一种古老的园林玫瑰，据说早在1700年前便起源于法国。为普罗旺斯玫瑰的变种，本身又拥有大量变种，本图所绘为粉红色重瓣花百叶玫瑰，圆形花冠，花瓣上泛着美丽的银色光泽；小叶3～5枚，亮绿的小叶片边缘具有细小锯齿，除花萼及花茎上生有绒毛外，枝条较光滑。百叶玫瑰多用于提炼玫瑰油并因此而广泛种植。

P54 苹果蔷薇
学名：*Rosa villosa* L. 英文名：Apple Rose

苹果蔷薇为野生玫瑰。株高约1.2～1.8米，枝浓叶茂，嫩枝较短，棘刺细

且直；叶子鲜绿而有光泽；粉红色的单瓣花，多在春夏时节绽放，由于香似苹果，故称"苹果蔷薇"；花期过后，便可看到红褐色呈梨状的果实悬于枝端。

苹果蔷薇源于中欧，如今遍布欧洲各地，北到高加索山脉，远到中东一带。其花与果实装饰性颇强，且抗病性强，非常适于庭院栽种。

P55 奥地利黄蔷薇
学名：*Rosa foetida* Herrm. 英文名：Austrian Yellow Rose

奥地利黄色蔷薇为野生蔷薇，是波斯及小亚细亚最重要的蔷薇之一。在当地环境中可长到3米高，枝茎上有红褐色小刺；通常为7枚卵形小叶，互生，叶为灰绿色，边缘有锯齿；开深黄色单瓣花，通常为5片呈心形的花瓣，味道相当难闻。

作为西亚蔷薇的一种，由摩尔人带到了西班牙，对培育黄色及橙色园林玫瑰具有重要作用。

P56 奥地利铜蔷薇 "双色蔷薇"
学名：*Rosa foetida* Herrm. 'Bicolor' 英文名：Austrian Copper Rose

奥地利铜蔷薇属落叶灌木植物，生长茂盛。羽状复叶，有附属叶，5～7枚椭圆形小叶，互生，暗绿色，边缘为锯齿形；开单瓣花，花瓣正面为明艳的橙色或红色，背面为黄色，部分花瓣正反两面均为黄色，有的甚至在同一朵花冠上出现红、黄双色花瓣，雄蕊为嫩黄色；果实为褐色或橙色，待成熟时为黄色。本图所绘之花冠内红而外黄，浅褐色枝茎上生有红褐色小刺。早在16世纪就已出现，很可能是一种意外杂种。所有现代黄色及橙色园林玫瑰都是以这种蔷薇作为母体而形成的。

P57 药剂师玫瑰
学名：*Rosa gallica* L. 'Officinalis' 英文名：Apothecary's Rose
别名：兰开斯特红玫瑰

药剂师玫瑰属园林玫瑰，灌木植物。株高可达80厘米。叶多而表面粗糙；每年盛夏至夏末开平型重瓣花，花色为洋红色，金黄色雄蕊，香气清新；结小而圆的红色果实。其花瓣晒干碾碎后可制成药粉，是药物治疗中用得最多的一种玫瑰。这种玫瑰早在1310年就在法国栽培，其亲本是法国蔷薇最古老的栽培品种。在15～16世纪的文艺复兴时期，这种花常被世人所描摹，甚至连它真实而深沉的红色也被用来象征虔诚的基督殉教者的鲜血。

P58 单瓣包心玫瑰 "塞普勒克斯"
学名：*Rosa centifolia* L. 'Simplex' 英文名：Single Cabbage Rose

单瓣包心玫瑰属园林玫瑰，为普罗旺斯玫瑰的变种。普罗旺斯玫瑰为带刺灌木，可长到2米高，通常开白色到深红色、香气宜人的花，是自16～18世纪逐渐培育出来的一种复杂的杂种。本图所绘为深粉红色单瓣花冠，花瓣边缘为心形，由外而内颜色渐淡，至花心处几近白色；棘刺较少，羽状复叶，倒卵形小叶3～5枚，互生，边缘为锯齿形。据说以此种玫瑰所提取之精油能放松神经，营造浪漫气氛，增强性欲，改善性冷淡，具有温和催情作用。

P59 变种包心玫瑰
学名：*Rosa centifolia* L. cv. 英文名：Variety of Cabbage Rose

变种包心玫瑰属园林玫瑰，为普罗旺斯玫瑰的变种。普罗旺斯玫瑰为带刺灌木，可长到2米高，通常开白色到深红色、香气宜人的花，是自16～18世纪逐渐培育出来的一种复杂的杂种，它有大量品种。本图所绘为包心玫瑰的变种，开淡粉红色的重瓣花，最外侧花瓣边缘微向外卷曲；棘刺较少，羽状复叶，倒卵形小叶3～5枚，互生，边缘为锯齿形。

包心玫瑰被作为玫瑰油的原料而广为栽培。

P60 草原蔷薇
学名：*Rosa carolina* L. 英文名：Pasture Rose 别名：卡罗莱纳蔷薇

北美洲野生玫瑰，属灌木植物。多刺，多分枝，刺软而直，对生；新生幼茎为绿或浅绿色，以后逐渐转为深褐色；羽状复叶，5～9枚小叶，互生，叶面光滑，叶片背面有时覆盖着细小的绒毛；春末夏初开粉红到玫瑰红单瓣花，罕有白色，通常为5瓣，花期大约1个月，花瓣边缘有心形凹口；结红色近球形果实。草原蔷薇具有很强的抗旱力。

P61 玛丽博格的伯内特蔷薇
学名：*Rosa pimpinellifolia* L. cv. 英文名：Burnet Rose of Marienburg

伯内特蔷薇属灌木植物。株高约60～90厘米，枝叶浓密，花期是每年5～7月，花朵为奶白色，少有粉红色，花瓣5枚，花香异常。伯内特蔷薇人工栽培已有多年时间，且育有很多品种。

本图所绘蔷薇是伯内特蔷薇的又一个后裔，与其他伯内特蔷薇相同，这种蔷薇拥有枝叶繁茂、棘刺密集的特质。灰绿色齿状的叶片呈羽状排列；开奶白色单瓣花，花瓣边缘有心形凹口，花瓣的背面为淡粉色，花香清幽；果实为黑紫色。

P62 白色百叶玫瑰 "普罗旺斯晨曲"
学名：*Rosa centifolia* L. var. *muscosa* 'alba'　英文名：White Moss Rose
别名：五月玫瑰、伊斯帕罕玫瑰、摩洛哥玫瑰、苔玫瑰、苔藓玫瑰

　　百叶玫瑰是一种古老的园林玫瑰，据说早在1700年前便起源于法国。为普罗旺斯玫瑰的变种，本身又拥有大量变种，最明显的特点是花柄具有粘性，有香腺，花香较浓郁，其花萼、花茎上长有密集的苔藓状绒毛。本图所绘为白色重瓣花百叶玫瑰。其花茎略显红褐色；小叶3～5枚，中度绿色，椭圆形叶面较阔，边缘呈锯齿形；接近花蕊部分的花瓣略带粉红色。百叶玫瑰多用于提炼玫瑰油并因此而被广泛种植。

P63 伯内特蔷薇
学名：*Rosa pimpinellifolia* L. var. *pimpinellifolia*　英文名：Burnet Rose
别名：苏格兰石南

　　伯内特蔷薇是野生玫瑰，也称苏格兰石南，属灌木植物，生长于欧亚大陆沿岸的沙丘及石灰石质的丘陵地带。株高60～90厘米，枝叶浓密，枝节上的棘刺短而硬。每年5～7月，花色为奶白色，少许为粉红色，到了9月则变为偏紫色。花瓣5枚，花香异常。
　　伯内特蔷薇是农舍花园玫瑰的重要组成部分，人工栽培已有多年时间，品种繁多。

P64 野地玫瑰
学名：*Rosa arvensis* Hudson　英文名：Field Rose　别名：曳尾犬蔷薇

　　野地玫瑰属攀援型灌木植物，植株较一般犬蔷薇小。枝茎柔软，向光面为紫色，背光面为绿色，上面有粗大的棘刺，羽状复叶，5～7枚小叶，互生，叶片光滑有光泽；每年6～7月开无味的白色花，每花5瓣，花瓣外缘有心形凹口，黄色雄蕊；结球形或卵形的红色果实，10月成熟，可保持至叶落。
　　野地玫瑰适宜做围篱，其两面异色的枝茎和可保持至叶落的红果在秋季非常美丽。

P65 宫廷玫瑰
学名：*Rosa stylosa* Desv. var. *systyla*　英文名：Short-styled Rose with Yellowish White Flowers
　　本图所绘的玫瑰品种较为稀少，株高1.5～2.4米，枝茎光滑，上面长有短粗的弯刺；羽状复叶，有附属叶，小叶5～7枚，互生，为灰褐色，阔卵形叶，有叶尖，叶缘为锯齿状；开单瓣花，簇生，每花5瓣，花色为象牙白，花瓣外缘有明显的心形凹口，黄色雄蕊。
　　本图所绘品种因名称记载不详，可能会与实际名称有所出入。

P66 变种甜石南
学名：? *Rosa rubiginosa* L. var. *umbellata*　英文名：Variety of Sweet Briar
　　甜石南属灌木植物，多栽种于欧亚大陆西南地区的丘陵地带。株高2.4米，枝条多刺且多硬毛；有苹果香味的叶片有锯齿形边缘，多为5～7枚，单瓣花为粉红色，花心颜色稍浅一些，花期在盛夏，花香清淡。
　　本图所绘为甜石南众多变种后裔之一，枝条纤弱，棕褐色的棘刺稀疏而尖利；有锯齿形边缘的叶片为灰绿色，附属叶则为嫩绿色；花朵由5片粉红色心型花瓣组成，在金黄色花蕊周围部分则为白色，达到了红、白、黄相间的鲜明视觉效果。

P67 白玫瑰 "少女的羞赧"
学名：*Rosa* × *alba* L. 'Great Maiden's Blush'　英文名：White Rose 'Great Maiden's Blush'
别名：睡道、美人

　　"少女的羞赧"属古典园林玫瑰，灌木植物。植株挺立，株高2米左右，但因花朵较重而弯曲，枝节上有棕褐色的棘刺；叶片为青灰色；开完全重瓣花，花朵大而饱满，为淡粉红色，花香甜美，盛夏时节开花。
　　"少女的羞赧"，以多种有趣而怀旧的名称，被人们所熟识。其青灰色的叶片，诱人的香水气息是它的两大招牌性标识。

P68 沼泽玫瑰
学名：*Rosa palustris* Marshall　英文名：Marsh Rose　别名：柳叶哈得孙湾玫瑰
　　沼泽玫瑰为野生玫瑰，属灌木植物，原产地在南美洲。常见于沼泽附近及湿地环境。高1～4米，枝茎上长有小刺；羽状复叶，有附属叶，5～7枚小叶，互生，因为叶形狭长似柳叶，故称柳叶玫瑰；每年7月开深红色单瓣花，簇生，花瓣边缘有花尖，开花时间略晚于旱地玫瑰；结卵球形红色果实。
　　由于自然环境的不断恶化，沼泽玫瑰的生存正面临着威胁。

P69 半重瓣麝香玫瑰 "塞美普莱纳"
学名：*Rosa moschata* Herrm. 'Semiplena'　英文名：Semi-double Musk Rose
　　半重瓣麝香玫瑰属野生玫瑰，一种带刺的疏松灌木，可长到1.2～1.8米高。嫩枝稀疏，其枝略带红色；小叶对生，5～7枚，灰绿色；花期为仲夏至秋季，半重瓣纯白色花朵，雄蕊为柠檬黄色，簇生，因释放出浓郁的麝香味而得名并广为栽培。原产地不明，据说起源于北非，曾充当灌木蔷薇许多品种的母体。
　　本图所绘玫瑰可能是单瓣麝香玫瑰的变种，两者的差别主要在花瓣的数量上，前者多为十几瓣，后者多为五瓣。

P70 瑞道特玫瑰
学名：*Rosa glauca* Pourret × ? *Rosa pimpinellifolia* L.　英文名：Redouté Rose
　　该品种玫瑰高约1米，枝茎红褐色，上面有凌乱的棘刺；羽状复叶，有附属叶，卵圆形小叶5～7枚，互生，形状略小，有叶尖，叶缘为锯齿形；每年春末夏初开单瓣花，每花5瓣，浅粉红色，花瓣外缘有心形凹口，颜色稍深，上面有斑点，黄色雄蕊，香味浅淡；结黑红色小球形果实。

P71 红茎多刺瑞道特玫瑰
学名：*Rosa villosa* L. × *Rosa pimpinellifolia* L
英文名：Redouté Rose with red stems and prickles
　　瑞道特玫瑰，株高约1米，枝茎为红色，上面长有密集的短小棘刺；羽状复叶，有附属叶，卵圆形小叶5～7枚，互生，叶片为蓝绿色且有光泽，有叶尖，叶缘为锯齿形；每年春末夏初开单瓣花，簇生，每花5瓣，深红色，花瓣略卷曲，外缘有心形凹口，黄色雄蕊，香味浅淡；结卵球形黑红色果实。

P72 重瓣五月玫瑰 "弗康迪西玛"
学名：*Rosa majalis* Herrm 'Foecundissima'
英文名：Double May Rose/ Whitsuntide Rose (syn)　别名：降灵节的玫瑰
　　重瓣五月玫瑰属野生玫瑰，灌木植物，原产于欧亚大陆西北部，17世纪前就被培育。每年5月初开花，是开花最早的玫瑰之一。茎直立，深红褐色，株高约2米；羽状复叶，有附属叶，5～7枚小叶，互生；典型特征为每一个附属叶旁生有一对粗大的刺；花浅红色，典型重瓣，几乎无味，极少数品种有微弱的肉桂香。抗病力较强，能承受恶劣的自然环境。

P73 秋季大马士革玫瑰
学名：*Rosa* × *bifera* Pers.　英文名：Autumn Damask Rose　别名："帕埃斯图姆玫瑰"
　　秋季大马士革玫瑰属于灌木植物，这种古老的玫瑰早在1819年之前就已经为欧洲人所熟悉，被古代学者认为是某种四季蔷薇。株高0.9～1.2米，枝茎较纤细，花期中会有"庞大"而有芳香的花朵悬于枝头，使其呈弓状；叶片为灰绿色，较柔韧；粉红色完全重瓣花朵在完全盛开后，会逐渐变色，呈现为深红色，花瓣边缘有褶皱，花蕊为金黄色，花香浓郁诱人。

P74 波特兰玫瑰 "波特兰公爵夫人"
学名：*Rosa hybrida* 'Duchess of Portland'　英文名：Portland Rose 'Duchess of Portland'
别名：鲜红四季蔷薇
　　本图所绘玫瑰，其商业名称为"波兰特公爵夫人"，有人认为是大马士革玫瑰与其他品种杂交而得，因一年之中多次开花，又名鲜红四季蔷薇。枝茎上棘刺较小；羽状复叶，奇数小叶，互生；开红色半重瓣花，通常花冠硕大，散发大马士革玫瑰所特有的香味；结橄榄形橙色果实。
　　据说，该品种在1770年以前就已经在欧洲出现。

P75 包心玫瑰 "白色普罗旺斯" "唯一的布兰奇"
学名：*Rosa centifolia* L. 'Unique Blanche'　英文名：Cabbage Rose 'White Provence'
　　"白色普罗旺斯"属园林玫瑰，为普罗旺斯玫瑰的变种。普罗旺斯玫瑰为带刺灌木，可长到2米高，通常开白色到深红色、香气宜人的花。
　　本图所绘为该玫瑰的变种，称为"白色普罗旺斯"玫瑰开白色或近白色与白色相混的完全重瓣花，雷杜德所绘的这枝在花瓣上夹杂着粉红色，同时有锈斑病的病症；枝为浅红褐色，羽状复叶，3～5枚小叶，互生。包心玫瑰作为玫瑰油的原料而被广为栽培。

P76 变种包心玫瑰
学名：*Rosa centifolia* L. cv.　英文名：Carnation petalled variety of Cabbage Rose
别名：康乃馨花瓣玫瑰
　　包心玫瑰属园林玫瑰，为普罗旺斯玫瑰的变种。普罗旺斯玫瑰为带刺灌木，可长到2米高，通常开白色到深红色、香气宜人的花，是自16～18世纪逐渐培育出来的一种复杂的杂种，有大量品种。本图所绘为包心玫瑰的变种，开重瓣花，粉红色的花瓣狭长且有褶皱，与康乃馨的花瓣颇为相似，并且泛着美丽的银色光泽，雄蕊为黄色；棘刺较小且略呈倒钩状，复呈羽状，叶梗上长有附属叶，小叶3～5枚，互生，边缘为锯齿形，在临近花冠的花茎处，生有一枚单叶。

P77 重瓣微型玫瑰
学名：*Rosa chinensis* Jacq. var. *minima* Voss　英文名：Double Miniature Rose
别名：小月季、仙女玫瑰
　　重瓣微型玫瑰属园林玫瑰，微型植物，约20～50厘米高。枝茎看似纤细而柔弱；羽状复叶，3～5枚椭圆披针形小叶，互生；开淡粉色花，单瓣或重瓣，花期较长，无味。本图所绘为平型重瓣花，花瓣边缘呈尖状突起，花瓣颜色由外至内而渐淡。
　　有证据表明，这种玫瑰源于中国，因其植株矮小，属微型月季群，所以又名"小月季"。

P78 半重瓣白玫瑰 "塞美普莱纳"
学名:*Rosa* ×*alba* L. 'Semiplena' 英文名:Semi-double White Rose
　　通常而言,白玫瑰都属于普罗旺斯玫瑰。本图所绘的"塞美普莱纳"白玫瑰,是由普罗旺斯玫瑰与其他蔷薇杂交而得。植株高可达2.4米或者更高;绿色枝茎较光滑,有少数粗大的弯刺;羽状复叶,有附属叶,5~7枚小叶,互生,灰绿色,边缘为锯齿形;五月中旬开半重瓣花,花期为一个月,花色洁白,气味芳香,花瓣外缘略弯曲,有心形凹口;结长卵形果实。"塞美普莱纳"白玫瑰可用来提炼玫瑰油,但是品质不高。

P79 伯内特蔷薇 "重瓣粉红苏格兰石南"
学名:*Rosa pimpinellifolia* L. 'Double pink Scotch Briar'
英文名:Burnet Rose 'Double pink Scotch Briar'
　　伯内特蔷薇,也称苏格兰石南,株高60~90厘米,枝叶浓密,枝茎上的棘刺多而硬。花期在初夏时节,5枚花瓣为奶白色,少许为粉红色,花香异常。此图所绘是伯内特蔷薇的一种——粉红色重瓣的苏格兰石南。植株挺立纤细,两边棘刺密集;3~7枚嫩绿色小叶呈羽状排列,叶缘为锯齿形;初夏时分,开重瓣花,娇小的花瓣为粉白色,花香清淡、悠远;结黑色果实。

P80 秋季大马士革白玫瑰
学名:*Rosa* ×*bifera* Pers. 英文名:White variety of Autumn Damask Rose
别名:"帕埃斯图姆玫瑰"
　　秋季大马士革玫瑰,一种古老的玫瑰。株高0.9~1.2米;枝茎较细且柔韧性较好;叶片为灰绿色;粉红色花朵在完全盛开后,会逐渐显现为深红色,花瓣边缘稍有褶皱,花香浓郁诱人。白色秋季大马士革玫瑰,是秋季大马士革玫瑰的诸多后裔之一,枝条较多,且有细小的棘刺附着于上;灰绿色椭圆形的叶片,呈羽状排列,多为3~5枚,也有单叶出现,叶柄处生长有附属叶;完全重瓣花朵为乳白色,且为多朵同枝而生。

P81 月季 "斯莱特深红蔷薇"
学名:*Rosa chinensis* Jacq. var. *semperflorens* Koehne 'slater' s Crimson China'
英文名:Monthly Rose 'Slater's Crimson China'
别名:长春花、四季花、月月红、胜春、胜花、胜红
　　月季原产北半球,属野生玫瑰。多连续开花,以5~6月及9~10月为盛花期。本图所绘月季"斯莱特深红蔷薇",为月季的变种,枝茎光滑而少刺;羽状复叶,有附属叶,带尖端的倒卵形小叶3~5枚,叶片正面有光泽,背面为灰白色;开深红色重瓣花,萼片狭长。月季的主要原产地是中国,18世纪末19世纪初传入欧洲。"斯莱特深红蔷薇"由一位英国人于1789年在加尔各答一座花园里发现,并把它带到英国。

P82 甜石南 朱红蔷薇
学名:*Rosa rubiginosa* L. 英文名:Sweet Briar/Rose Eglanteria
　　甜石南,属野生玫瑰,多栽种于欧亚大陆西南地区的白垩质土壤中和丘陵地带。株高2.4米,枝条多刺且多硬毛;深绿色的叶片,边缘为锯齿形,多为5~7片,会散发出一种淡淡的苹果香;单瓣花为粉红色,花心颜色稍浅一些,花期在盛夏时分,花香清淡,被香水制造商视为上品;绯红色椭圆形的果实中蕴藏着丰富的维生素C,如果将其制成玫瑰果汁,具有极大的商业价值。

P83 "约瑟芬皇后" "法兰克福"蔷薇
学名:*Rosa* 'Francofurtana' 英文名:'Empress Josephine'
　　"约瑟芬皇后"属于法国蔷薇的一种,于1824年才开始为人们所熟悉。株高1.5米,枝干挺立,几乎无刺;倒卵形叶片为灰绿色,叶面平滑,前端渐尖,叶缘为锯齿形,叶梗处生有附属叶;花茎上长有硬毛;粉红色花朵为完全重瓣,大而饱满,簇生,花香雅宜人,萼片颀长,向四处伸展;果实丰硕。
　　约瑟芬皇后是拿破仑的第一位妻子,一生酷爱玫瑰,更以"约瑟芬花园"闻名于世。此用"约瑟芬皇后"命名,以示纪念。

P84 白花石南
学名:? *Rosa dumetorum* Thuill. 'Obtusifolia' 英文名:White-flowered Rose
　　白花石南株高3~3.6米,枝茎较光滑,上面被有短粗的红色弯刺;羽状复叶,有附属叶,小叶5~7枚,互生,为灰褐色,阔卵形叶片,有叶尖,叶缘为锯齿形;开单瓣花,簇生,花瓣5枚,为淡粉色,靠近花蕊的部分有少许的黄色,花瓣边缘有明显心形凹口,花香清淡,结橙红色的果实。
　　本图所绘品种因名称记载不详,可能与实际名称有所出入。

P85 变种被绒毛玫瑰
学名:? *Rosa tomentosa* Smith var. *britannica* 英文名:Foul-fruited variety of Tomentose Rose
别名:恶之果玫瑰
　　恶之果玫瑰属野生玫瑰,灌木植物,为被绒毛玫瑰的变种,在欧洲、高加索及中东地区都有分布。株高约2米,茎绿色光滑,上面长有稀疏的粗大棘刺;羽状复叶,有附属叶,灰褐色5~7枚小叶,互生,叶缘为锯齿形;开单瓣花,每花5瓣,花瓣外缘有心形凹口,花色艳丽,花心内缘浅色。大概因为和罂粟花形似,所以又被称为恶之果玫瑰。

P86 法国蔷薇 "五彩缤纷"
学名:*Rosa gallica* L. 'Versicolor' 英文名:French Rose 'Versicolor'
　　法国蔷薇属欧洲南部的野生玫瑰。枝茎多刺,每年开花一次,花色从粉红、深红、紫红到纯紫色,另外也包括一些有斑纹的品种。本图所绘蔷薇,每逢盛夏开平型半重瓣花,花色为极淡的粉红色,间有淡红和绯红条纹,雄蕊为金黄色,散发出轻淡雅致的香味;叶无光泽,中度绿色。
　　在十字军东征时期,法国蔷薇被引入中欧,并得到空前发展,本图所绘的这一品种在16世纪就很著名了。

P87 五月玫瑰
学名:*Rosa majalis* Herrm. 英文名:May Rose/Cinnamon Rose(syn.)
别名:肉桂玫瑰
　　原产于欧亚大陆西北部的野生玫瑰,属灌木植物,17世纪前就被培育。茎直立,高度约2米,深红褐色;羽状复叶,有附属叶,5~7枚小叶,互生,叶背有绒毛;典型特征为粗大的刺对生,位置在每一个附属叶旁;是开花最早的玫瑰之一,五月初开花,花期大概3周或者更长一些,花为深红色,花瓣外缘泛白,略卷曲;几乎无味,极少数品种有微弱的肉桂香。也有人认为它的幼芽为肉桂色,所以叫肉桂玫瑰。抗病力强,能承受恶劣的自然环境。

P88 大马士革玫瑰 "约克与兰开斯特"
学名:*Rosa* ×*damascena* Miller 'Versicolor' 英文名:Damask Rose 'York and Lancaster'
别名:都铎王朝蔷薇、斑纹大马士革玫瑰、斑纹四季蔷薇、五彩缤纷
　　"约克与兰开斯特"蔷薇,是大马士革玫瑰的一个双色品种。株高1.5~2.1米;枝干上有棘刺;叶片为暗绿色;春夏相交之际开重瓣花,花朵将约克玫瑰的白色与兰开斯特玫瑰的红色融合在一起,花色富于多变,可以开出白色、粉色、混合色、斑纹状多种形式的花朵,花香浓郁。产生于英国玫瑰战争(1455~1485年)之后,它还曾出现在莎士比亚的十四行诗和《亨利六世》中,今天,保加利亚、土耳其和伊朗等国依然选择用它提炼玫瑰油。

P89 甜石南 "伊丽莎白"
学名:*Rosa rubiginosa* L. Z abeth 英文名:Sweet Briar abeth
别名:女王的甜石南
　　"伊丽莎白"是甜石南的后裔,植株平滑,棘刺较少;3~5枚翠绿色的叶片,叶缘为锯齿形;与其他甜石南的后裔一样,"伊丽莎白"具有浓郁的苹果香,花茎上布满绒毛,且有花朵簇生于上;半重瓣的花蕾为粉红色,花瓣基部为白色,且内部稍有褶皱。
　　根据英国本土的传统,这种玫瑰是为献给伊丽莎白女王而专门培育的,故而代表了无上的荣耀与崇敬。

P90 "德阿莫玫瑰"
学名:? *Rosa* ×*rapa* Bosc 英文名:? 'Rose d' Amour'
　　"德阿莫玫瑰",属灌木植物。株高2.4米,枝茎较光滑,少有坚硬的棘刺,却有细小的刺毛布于其上;羽状复叶,叶梗处长有附属叶,倒卵形,5~7枚灰绿色倒卵形小叶,互生,叶片前端稍尖,边缘为锯齿形;每逢夏末秋初,开淡粉色重瓣花,簇生,花瓣上有涡形花纹,花香轻柔,淡雅,萼片颀长。
　　本图所绘品种因名称记载不详,可能会与实际名称有所出入。

P91 安茹玫瑰
学名:*Rosa canina* L. var. *andegavensis* Bast. 英文名:Anjou Rose
　　安茹玫瑰属灌木植物,原产地在北美洲。高度1.2~1.5米,枝茎绿色光滑,上面长有粗大的棘刺;羽状复叶,有附属叶,3~5枚小叶,阔卵圆形,灰绿色,秋季变成美丽的红色,有叶尖,叶缘为锯齿形;每年5~7月开单瓣花,每花5瓣,气味芳香,浅粉红色,花瓣外缘有心形凹口,黄色雄蕊;结小球形红色果实。

P92 芹叶变种包心玫瑰
学名:*Rosa centifolia* L. cv. 英文名:Celery-leaved variety of Cabbage Rose
　　芹叶变种包心玫瑰属园林玫瑰,为普罗旺斯玫瑰的变种。普罗旺斯玫瑰为带刺灌木,可长到2米高,通常开白色到深红色、香气宜人的花,是自16世纪至18世纪逐渐培育出来的一种复杂品种,拥有大量品种。
　　本图所绘为包心玫瑰的变种,开粉红色重瓣花,棘刺呈直立状,与众不同的是,其小叶边缘为锯齿形,且卷曲,外形上很像芹菜叶,这也是与其他包心玫瑰区分的最突出的特点。

P93 平花山地玫瑰
学名：? *Rosa stylosa* var. *systyla* for. Fastigiata　英文名：Flat-flowered Hill Rose

平花山地玫瑰，株高1.8~2.4米，红色枝茎较光滑，上面长有稀疏的弯刺；羽状复叶，有附属叶，小叶5~7枚，互生，阔卵形，有叶尖，叶缘为锯齿形；开单瓣花，簇生，花瓣5枚，花色浅淡，花瓣外缘有明显心形凹口，黄色雄蕊。

本图所绘品种因名称记载不详，可能与实际名称有所出入。

P94 长青玫瑰
学名：*Rosa sempervirens* L.　英文名：Evergreen Rose

本图所绘为长青玫瑰，枝干较挺直，为浅褐色，枝节上有红褐色的棘刺；长卵圆形叶片，叶面光滑，前端较尖，边缘为锯齿形，多为3~5枚小叶呈羽状排列，叶梗处长有嫩绿色的附属叶；花朵为单瓣星形，花瓣为心形，为奶白色，花蕊为金黄色；鲜红色的果实呈球形，颇为饱满。

P95 皇家属地玫瑰
学名：*Rosa gallica* L. Hybr　英文名：Provins Royal/ Royal Province(syn.)

皇家属地玫瑰属于法国蔷薇玫瑰，灌木植物。高1.5~2.4米，茎部为绿色，上面多短小棘刺；羽状复叶，有附属叶，灰褐色、阔卵圆形小叶5~7枚，互生，有叶尖，叶缘为锯齿形；花簇生，典型重瓣，花瓣卷曲，花色为深红色，姿态富丽堂皇，有浓烈的花香，适宜提炼玫瑰油。

P96 变种法国蔷薇 "托斯卡纳"
学名：*Rosa gallica* L. cv. ? 'Tuscany'　英文名：Variety of French Rose? 'Tuscany'

法国蔷薇属野生玫瑰，枝条多刺，每年开花一次，花色从粉红、深红、紫红到纯紫色，另外也包括一些有斑纹的品种，通常大部分都有浓郁的香味。本图所绘为法国蔷薇的变种，名为"托斯卡纳"。羽状复叶，3~5枚带尖端的倒卵形小叶，互生，为灰绿色；开杯型重瓣花，花色为全红色或全深紫红色。中世纪的欧洲花园几乎都可以见到法国蔷薇的情影，当时，法国人和荷兰人都热衷于培育此花，法国蔷薇也因此而拥有大量品种。

P97 "法兰克福" 蔷薇
学名：*Rosa ×francofurtana* Thory　英文名：? 'Francofurtana'

"法兰克福"蔷薇，四季玫瑰的变种，株高1.8米，深绿色的枝干上，枝节横生，且有针状刺毛密布其上；灰绿色羽状叶，有附属叶，5~7枚倒卵形小叶，互生，叶片边缘为锯齿形；花瓣为粉红色，颇有丝绸质感，花朵为半重瓣花，花蕊为金黄色；萼片颀长，衍生为针状；子房为深红色，会结出陀螺状果实；夏季开花，花香清淡。

P98 小花蔷薇
学名：*Rosa micrantha* Borrer var. *micrantha*　英文名：Small flowered Eglantine

小花蔷薇属野生玫瑰。高约1米，绿色枝茎光滑，上面有稀疏的棘刺；羽状复叶，有附属叶，阔卵圆形小叶5~7枚，互生，有叶尖，叶缘为锯齿形；开单瓣花，簇生，花朵较小，每花5瓣，粉红色，花瓣外缘颜色稍深，黄色雄蕊；结卵球形红色果实。

P99 变种仙女玫瑰
学名：*Rosa chinensis* Jacq. var. *minima* Voss cv.　英文名：Variety of Fairy Rose
别名：小月季、劳伦小姐的玫瑰

仙女玫瑰属园林玫瑰，也叫劳伦小姐的玫瑰；它是一种引人注目的多茎蔷薇，属微型植物，高约20~50厘米。枝茎纤细而柔软，羽状复叶，3~5枚椭圆披针形小叶，互生；开淡粉色花，单瓣或重瓣，花期较长，无味。本图所绘为粉红色单瓣花，花瓣边缘有花尖，近花心处颜色稍淡，近白色；叶多为嫩绿色，部分略带鹅黄色，附属叶为粉红色。

仙女玫瑰起源于中国，因其植株矮小，属微型月季群，所以又名"小月季"。

P100 月季 "长叶月季"
学名：*Rosa chinensis* Jacq. var. *longifolia* Rehder　英文名：China Rose 'Longifolia'
别名：长春花、胜春、胜花、胜红

月季原产北半球，属野生玫瑰，灌木植物。花单生或排成伞房、圆锥花序，多连续开花，以5~6月及9~10月为盛花期。本图所绘月季据说大约出现在1817年至1824年间，开粉红色重瓣花，花瓣外缘有心形凹陷；枝茎光滑，棘刺较少；叶柄及附属叶为浅红褐色，最突出的特点是小叶狭长，极似柳叶或竹叶。月季于18世纪末19世纪初传入欧洲，经复杂杂交后，花色、花形大为丰富，花蕾多卵圆形，单瓣至重瓣，淡香至浓香。

P101 法国蔷薇 "主教"
学名：*Rosa gallica* L. 'The Bishop'　英文名：French Rose 'The Bishop'

"主教"蔷薇的枝茎多刺；3~5枚带尖端的倒卵形小叶，互生；每年开花一

次，花色多为深红、紫红或两色相间杂，花冠较大，花形略为扁平，花香浓郁。

法国蔷薇是19世纪初欧洲最重要的栽培蔷薇，同时也是中世纪花园中不可缺少的一部分。据说最早生长在希腊和罗马，后来，在十字军东征时期，法国蔷薇被人带到了中欧，1670年左右在荷兰开始栽种，当时，法国人和荷兰人都热衷于培育此花。

P102 针叶犬蔷薇
学名：*Rosa canina* L. var. *lutetiana* Baker for. *aciphylla*　英文名：Needle-leaved Dog Rose

犬蔷薇在欧洲是一个常见的品种，属于灌木植物，枝茎呈弓形或者是蔓生；小叶用于外敷可治疗创伤；花朵为花白色或粉红色，单生或簇生；玫瑰果为朱红色，是制作果酱、糖浆、茶和甜酒的主要原料。

针叶犬蔷薇是犬蔷薇的变异品种，棕褐色枝干上的针状棘刺稀疏且坚硬；羽状复叶，小叶为倒卵形，多为5~7枚，3~5柄复叶为一束；开粉白色花，单生，5枚花瓣为心形，花蕊为金色。

P103 马尔密迪蔷薇
学名：*Rosa dumalis* Bechstein var. *malmundariensis*　英文名：Malmedy Rose

马尔密迪蔷薇属野生玫瑰。枝茎略为灰褐色，棘刺直立且较多；羽状复叶，通常有5~7枚带尖端的卵形小叶，互生，与其他野生玫瑰的最大不同之处在于，它的叶片两面都光滑无毛；开淡粉红色单瓣花，通常为5瓣，黄色雄蕊。

据说这种蔷薇是由一位名叫朱尼的人在马尔密迪附近的山上发现的，其名也由此而来。

P104 月季
学名：*Rosa chinensis* Jacq. var. *minima* Voss　英文名：China Rose
别名：斗雪红、长春花、胜春、胜花、胜红

月季原产北半球，属野生玫瑰，灌木植物。花单生或排成伞房、圆锥花序，多连续开花，以5~6月及9~10月为盛花期。本图所绘月季属常绿小灌木，枝茎光滑，生有红色棘刺，花茎及叶梗处长有略为红色的附属叶；开红色重瓣花，外围花瓣为深红色，中间为粉红色花瓣，花萼狭长而倒垂。月季的主要原产地是中国，18世纪末19世纪初传入欧洲。

P105 重瓣变种月季 "马提培塔拉"
学名：*Rosa chinensis* Jacq. 'Multipetala'　英文名：Double variety of China Rose
别名：长春花、四季花、月月红、胜春、胜花、胜红

月季原产北半球，属野生玫瑰。花单生或排成伞房、圆锥花序，多连续开花，以5~6月及9~10月为盛花期。本图所绘为月季的重瓣变种，羽状复叶，前端较尖的倒卵形小叶互生，大部分叶柄、附属叶以及部分嫩叶为红褐色；花为红色，花瓣边缘有花尖。

月季于18世纪末19世纪初由中国传入欧洲。经复杂杂交后，花色有白、绿、蓝、红、淡红、粉红、黄、淡黄等；花蕾多卵圆形，花形丰富，单瓣至重瓣，淡香到浓香。

P106 被绒毛玫瑰
学名：*Rosa tomentosa* Smith　英文名：Tomentose Rose /Harsh Downy-Rose
别名：刺绒毛玫瑰

被绒毛玫瑰属野生玫瑰，攀援型灌木植物，在欧洲、高加索，及中东地区都有分布。绿色枝茎光滑，长有红褐色的针状棘刺；羽状复叶，有附属叶，通常5~7枚灰绿色带尖端的倒卵形小叶，互生，叶背覆盖细小绒毛，叶缘为明显锯齿形；开白色单瓣花，花瓣外缘有心形凹口，花蕊为淡黄色；结卵球形红色果实。

P107 白玫瑰 "天国玫瑰"
学名：*Rosa ×alba* L 'Celeste'　英文名：White Rose 'Celestial'

"天国玫瑰"属普罗旺斯玫瑰。普罗旺斯玫瑰是纯白色的犬蔷薇和大马士革玫瑰的杂品种，白色是最古老的品种，其他颜色是稍后的变种。本图所绘即为变种之一。高约2米，茎部有稀疏的粗大棘刺；蓝绿色羽状复叶，有附属叶，5~7枚小叶，互生，叶缘为锯齿形；花重瓣，浅粉红色，黄色的雄蕊，气味芳郁。抗病力强，能抵抗恶劣的自然环境。白玫瑰在中世纪因为和圣母玛利亚联系在一起，所以备受尊崇，名为"天国玫瑰"，也是这个原因。

P108 木香 "雪花王后"
学名：*Rosa banksiae* Aiton Fil. var. *banksiae* 'Alba Plena'
英文名：Banks Rose 'Lady Banksia Snowflake'　别名：木香藤

木香原产中国野生玫瑰，别名木香藤。常绿或半绿攀援型灌木，株高及株宽可达10米，表皮红褐色，小枝绿色，几乎无刺；羽状复叶，小叶多3~5枚，少有7枚，椭圆状卵形，边缘有细齿；伞形花序顶生，花形较小，白色或黄色，单瓣或重瓣，有芳香，春末夏初开花；9~10月结果，果近球形，红色；根可入药。木香原产于中国东北与河北等地区，1824年引入欧洲。其栽培变种主要有单、重瓣白木香及单、重瓣黄木香。

P109 德坎道玫瑰
学名:*Rosa ×reversa* Waldst. & Kit. 英文名:De Candolle Rose

德坎道玫瑰具有纤细的枝干,为红褐色,上面布满了细小而尖硬的刺毛;羽状复叶,有附属叶,灰绿色倒卵形小叶5~7枚,互生,叶面光滑,有叶尖,叶缘为锯齿形;单瓣花型,有白色、近白色和混白色等多种,心形的花瓣上布有或白色或粉色的条纹,花蕊为金黄色,花香清幽、淡雅。

为了纪念日内瓦自然历史学专家德坎道而得名"德坎道玫瑰"。

P110 白玫瑰 "船叶玫瑰"
学名:*Rosa ×alba* L. 'À feuilles de Chanvre' 英文名:White Rose 'À feuilles de Chanvre'

白玫瑰属普罗旺斯玫瑰。普罗旺斯玫瑰是纯白色的犬蔷薇和大马士革玫瑰的杂交品种,白色是最古老的品种。高约2米,枝茎绿色光滑,上面有稀疏的棘刺;羽状复叶,有附属叶,5~7枚长卵形小叶,互生,有叶尖,叶缘为锯齿形;夏季开花,花期很长,簇生,重瓣,花色洁白,姿态优雅,非常芳香,是重要的香料来源。

白玫瑰代表纯洁的爱,在中世纪时因为和圣母玛利亚联系在一起,所以备受尊崇。

P111 变种长青玫瑰
学名:*Rosa sempervirens* L. cv. 英文名:Variety of Evergreen Rose

本图所绘为长青玫瑰的栽培变种,植株枝节较多,上面少有红褐色的针状棘刺;羽状复叶,倒卵形叶片为中度绿色,前端渐尖,叶缘为锯齿形,多为5~7枚小叶,互生,叶梗处长有附属叶;花朵为单瓣花形,簇生,乳白色的花瓣为心形,贴近花蕊处略为柠檬黄色,花蕊为金黄色。

P112 大马士革玫瑰 "塞斯亚纳"
学名:*Rosa ×damascena* Miller 'Celsiana' 英文名:Damask Rose 'Celsiana'

"塞斯亚纳"是一种古老的园林玫瑰,属灌木植物,源于大马士革玫瑰,因纪念将其从荷兰带到法国种植的雅克·马丁·塞斯亚纳,而于1806年命名为"塞斯亚纳"。株高2.4米,但由于花朵过于"庞大",使整个植株不得不弯曲呈喷泉状;叶片为灰绿色,边缘为锯齿形;花色有粉红色、粉色、白色多种颜色,花瓣稍有褶皱,颇有人造丝绸的质感,纯粹、细致的花香使其冠压群芳,成为大马士革玫瑰众多后裔中的上品,流传至今。

P113 变种犬蔷薇
学名:*Rosa canina* L. var. *lutetiana* Baker 英文名:Variety of Dog Rose

犬蔷薇是欧洲常见的品种,属野生玫瑰,灌木植物,具有很强的实用性:它的叶子泡茶可以起到通便的作用,而外敷则可以治疗创伤;新鲜的玫瑰果富含维生素B、C、E、K,是制作果酱、糖浆、茶和甜酒的重要原料。

本图所绘为犬蔷薇的变种,枝干多节,生有坚硬的棘刺;叶片为中度绿色,边缘为锯齿形,叶面光滑,前端渐尖;开粉白色花,花瓣5枚,花蕾为淡粉色。

P114 斑纹哈得孙湾玫瑰
学名:*Rosa blanda* Aiton cv. 英文名:Striped variety of Hudson Bay Rose

斑纹哈得孙湾玫瑰属野生玫瑰,灌木植物,原产地在北美洲。株高0.6~1.2米,枝茎光滑少刺;羽状复叶,有附属叶,阔卵圆形小叶5~7枚,互生,有叶尖,叶缘为锯齿形;每年春季开单瓣花,具有强烈的花香,花色为浅红色,花瓣上有纵条状细斑纹,因此得名"斑纹哈得孙玫瑰",黄色雄蕊;结梨形红色小果实。

P115 变种包心玫瑰
学名:*Rosa centifolia* L. cv. 英文名:Variety of Cabbage Rose

变种包心玫瑰属园林玫瑰,为普罗旺斯玫瑰的变种。普罗旺斯玫瑰为带刺灌木,可长到2米高,通常开白色到深红色、香气宜人的花,是自16世纪至18世纪逐渐培育出来的一种复杂的杂种,它有大量品种。

本图所绘为包心玫瑰的变种,刺较少,羽状复叶,倒卵形小叶3~5枚,互生;开淡粉红色的重瓣花,近花心处花瓣颜色较深;尤应注意的是,其花萼狭长而突出,有衍生为叶的趋向。包心玫瑰被作为玫瑰油的原料而广为栽培。

P116 变种包心玫瑰
学名:*Rosa centifolia* L. cv. 英文名:Variety of Cabbage Rose

变种包心玫瑰属园林玫瑰,为普罗旺斯玫瑰的变种。普罗旺斯玫瑰为带刺灌木,可长到2米高,通常开白色到深红色、香气宜人的花,是自16世纪至18世纪逐渐培育出来的一种复杂的杂种,它有大量品种。

本图所绘为包心玫瑰的变种,开粉红色的单瓣花;刺较少,羽状复叶,倒卵形小叶3~5枚,互生。包心玫瑰被作为玫瑰油的原料而广为栽培。

P117 草地玫瑰
学名:*Rosa agrestis* Savi var. *sepium* Thuill 英文名:Grassland Rose

草地玫瑰属灌木植物,植株较矮,仅约1米,是草原重要的植被之一。枝茎绿色光滑,上面有粗大的棘刺;羽状复叶,有附属叶,铅褐色、卵圆形小叶5~7枚,互生,有叶尖,叶缘为锯齿形;开单瓣花,每花5瓣,花色粉红,花瓣外缘有心形凹口,略弯曲,颜色微白,黄色雄蕊;结小球形红色果实。

生命力顽强的草地玫瑰能抵抗恶劣的自然环境。

P118 蔓生法国蔷薇
学名:*Rosa gallica* L. var. *pumila* 英文名:Creeping French Rose

蔓生法国蔷薇属欧洲南部的野生玫瑰。枝茎多刺,每年开花一次,花色从粉红、深红、紫红到纯紫色,另外也包括一些有斑纹的品种,通常大部分都有浓郁的香味。本图所绘种,其名称可能与其植株特征有关,开红色单瓣花,花蕾基部为黄色,幼苗为浅红褐色。

十字军东征时期,法国蔷薇引入中欧,引起了法国人和荷兰人的浓厚兴趣,广泛种植于中世纪的各个花园中,品种也得以丰富。

P119 变种包心玫瑰
学名:*Rosa centifolia* L. cv. 英文名:Variety of Cabbage Rose

变种包心玫瑰属园林玫瑰,为普罗旺斯玫瑰的变种。普罗旺斯玫瑰为带刺灌木,可长到2米高,通常开白色到深红色、香气宜人的花,是自16世纪至18世纪逐渐培育出来的一种复杂的杂种,它有大量品种。

本图所绘为包心玫瑰的变种,开粉红色的重瓣花;枝茎细长且为浅褐色;小叶3~5枚,互生,叶面阔阔,边缘为不规则锯齿形;花茎及叶梗处长有附属叶。

包心玫瑰被作为玫瑰油的原料而广为栽培。

P120 粉红色重瓣野蔷薇
学名:*Rosa multiflora* Thunb. var. *multiflora* 英文名:Pink double Multiflora
别名:大叶野蔷薇

粉红色重瓣野蔷薇是多花蔷薇的变种,属落叶灌木,据说在19世纪初就已经出现,又名"大叶野蔷薇"。枝茎较长且多刺,呈偃伏或攀援状;羽状复叶,生有5~9枚边缘有细齿且带尖端的卵形小叶;通常在5~6月开粉红色完全重瓣花,簇生,花香浓郁。

野蔷薇最宜植于花篱,在中国大部分地区以及朝鲜、日本都有分布。

P121 野蔷薇 "七姊妹"
学名:*Rosa multiflora* Thunb. var. *platyphylla* Rehderet Wilson 'Seven Sisters Rose'
英文名:Multiflora 'Seven Sisters Rose' 别名:大叶野蔷薇

"七姊妹"是多花蔷薇的变种,据说在19世纪初就已经出现,又名"大叶野蔷薇",常用名为"七姊妹"。羽状复叶,叶梗附近长有直立棘刺1对,通常有5枚边缘有细齿且带尖端的卵形小叶,互生;尤其突出的是,这种蔷薇的同一枝花茎上通常开7朵花形较大的重瓣花,并且颜色从粉红色、红色到紫红色,各不相同,十分华丽,同时还散发出浓郁的花香,"七姊妹"的名称也由此而说。

P122 "康普里卡特"
学名:*Rosa* L. Hort 英文名:'Complicata'

图中所绘为"康普里卡特"玫瑰,枝叶繁茂,枝条弯曲,绿色的枝干上,长有红褐色的棘刺;深绿色的叶片大而平滑,为倒卵形,前端较尖,叶缘为锯齿形,3~7枚小叶,互生;开单瓣花,花瓣5枚,为粉红色,靠近花蕊部分为粉白色,边缘上有心形凹口,花蕊为金黄色。

本图所绘品种因名称记载不详,可能与实际情况有所出入。

P123 重瓣草原蔷薇 "普莱纳"
学名:*Rosa carolina* L.'Plena' 英文名:Double Pasture Rose 别名:卡罗莱纳蔷薇

重瓣草原蔷薇属北美洲野生蔷薇,灌木植物。绿色的枝茎平滑而多刺,花茎略为红色;羽状复叶,纯种卡罗莱纳蔷薇多生有5~9枚淡绿色、椭圆披针形小叶,叶面光滑,叶片背面有时覆盖着细小的绒毛;春末夏初开花;结红色近球形果实。雷杜德所绘的这幅蔷薇,小叶多为5~7枚,可能与原品种略有出入;开粉红色重瓣花。

P124 半重瓣甜石南 "塞美普莱纳"
学名:*Rosa rubiginosa* L. 'Semiplena' 英文名:Semi-double Sweet Briar

半重瓣甜石南属古典园林玫瑰,灌木植物,栽种于1551年,枝条多刺且多硬毛;深绿色锯齿形的叶片带有淡淡的苹果香;盛夏开粉红色单瓣花,近花心处颜色稍浅;花香清淡怡人;绯红色椭圆形的果实中蕴藏着丰富的维生素C。

本图所绘的半重瓣甜石南是甜石南的变种之一,主干较平滑,而枝条多有棕褐色的棘刺密布其上;5~7枚嫩绿色小叶,会散发出苹果的香气;单生的半重瓣花朵为深粉红色,花瓣多为心型。

P125 诺伊斯特玫瑰
学名:*? Rosa ×noisettiana* Thory 英文名:? Noisette Rose 别名:诺瓦氏蔷薇

又叫诺瓦氏蔷薇,属攀援型园林玫瑰。其绿色茎蔓纤细而轻微下垂,色泽较暗淡，姿态优美自然；奇数小叶互生，5～7枚，叶面较窄且叶尖略微狭长；白色、粉红或黄色重瓣花簇生，盛开时花瓣较松散，有时一株可多达100朵，镶嵌着洋红色或淡紫色的花蕾，格外醒目。

据说，它是19世纪初由月季与麝香蔷薇杂交而成，是西方最早培育的一季多次开花的攀援型蔷薇，现只剩下几个品种仍在栽培中。

P126 变种月季 "长春花"
学名：*Rosa chinensis* Jacq. var. *semperflorens* Koehne cv. 英文名：*Variety of Monthly Rose*
别名：四季花、胜春、胜花

本图所绘为中国月季经复杂杂交后的变种。枝茎光滑，棘刺较少；羽状复叶，有附属叶，倒卵形小叶3～5枚，前端为尖形，互生；开淡粉色或粉白色重瓣花，花蕾略为淡粉红色。

中国是月季的主要原产地，18世纪末19世纪初由中国传入欧洲。经复杂杂交后，产生大量品种，通常多连续开花，以5～6月及9～10月为盛花期。

P127 切罗基玫瑰
学名：*Rosa laevigata* Michaux 英文名：*Cherokee Rose*

切罗基玫瑰属中国野生玫瑰，常绿攀援型灌木，生长茂盛，具钩状皮刺。羽状复叶，奇数椭圆披针形小叶，互生，通常为3枚，很少有5枚，叶长2～7厘米，宽1.5～4.5厘米，边缘为锯齿形，叶面有光泽；4～5月开白色单瓣花，单生，直径6～8厘米，气味芳香；椭圆状或近球状的花托略带红色，覆盖着绒毛；果实较酸涩。

在中国，它主要生长在岩石较多的地区，而在日本则作为栽培品种广为人知。

P128 双生玫瑰
学名：*Rosa* ×*polliniana* Sprengel 英文名：*Twin-flowered Rose*

双生玫瑰源于德国，枝干纤细，多红褐色针状荆刺，花茎上被有硬毛；叶片为倒卵形，前端稍尖，为深绿色，叶面平滑而有光泽，边缘为锯齿形，5～7枚小叶，互生，叶柄处长有附属叶；开单瓣花，簇生，花瓣5枚，为心形，花色为白色，花瓣边缘为粉红色，黄色花蕊。

本图所绘品种因名称记载不详，可能与实际名称有所出入。

P129 荆棘蔷薇
学名：*Rosa corymbifera* Borkh. 英文名：*Thorn-bushes Rose*

荆棘蔷薇，枝干上长有红褐色朝下钩的棘刺；羽状复叶，叶片前端较尖，叶缘为锯齿形，5～7枚小叶，互生；花朵为单瓣花型，簇生，花瓣5枚，为粉红色，靠近花蕊部分颜色稍浅，花蕊为金黄色，萼片的前端为须状。

本图所绘品种因名称记载不详，可能与实际名称有所出入。

P130 变种被绒毛玫瑰
学名：*Rosa tomentosa* Smith cv. 英文名：*Double variety of Tomentose Rose*

变种被绒毛玫瑰属野生玫瑰，在欧洲、高加索及中东地区都有分布。株高约2米，枝茎绿色光滑，上面长有粗大的直刺或弯刺，以及众多小刺；羽状复叶，有附属叶，灰褐色小叶5～7枚，互生，宽卵圆形，叶缘有明显锯齿；花簇生，重瓣，花瓣外缘有心形凹口，花色绛红，花心内缘泛白色，黄色雄蕊；结卵球形红色果实。

P131 半重瓣变种被绒毛玫瑰
学名：*Rosa tomentosa* Smith cv. 英文名：*Semi-double variety of Tomentose Rose*

半重瓣变种被绒毛玫瑰属于野生玫瑰，在欧洲、高加索及中东地区都有分布。株高约2米，茎红褐色，上面长有粗大的直刺或弯刺。本图所绘为被绒毛玫瑰的半重瓣变种。羽状复叶，有附属叶，灰褐色、宽卵圆形小叶5～7枚，互生，叶缘为锯齿形；花簇生，颜色深红，花瓣外缘有心形凹口，略卷曲，近白色，黄色雄蕊；结卵球形红色果实。

P132 变种法国蔷薇
学名：*Rosa gallica* L. cv. 英文名：*Variety of French Rose*

法国蔷薇属野生玫瑰。每年开花一次，花色从粉红、深红、紫红到纯紫色，另外也包括一些有斑纹的品种，通常大部分都有浓郁的香味。本图所绘为其栽培变种，枝茎上生有较为细密的小刺；羽状复叶，长卵形小叶，互生，幼叶为嫩绿色，叶缘略带粉红色；开粉红色平型重瓣花。

中世纪的欧洲花园中少不了法国蔷薇的身影，据说是在十字军东征时期被人带到了中欧，1670年左右在荷兰开始栽种，当时，法国人和荷兰人都热衷于培育此花。

P133 波索特玫瑰
学名：*Rosa* × *L'Heritieranea* Thory cv. 英文名：*Boursault Rose*

波索特玫瑰属于亚裔玫瑰，株高3米，暴露于日光下的枝干呈现为红色或是褐色，棘刺较少；叶片为灰绿色；花朵为完全重瓣花型，簇生，有樱桃红色、

深红色、紫色等多种颜色。

本图所绘为波索特玫瑰的人工栽培变种，枝条较纤细；灰绿色的叶片为倒卵形，前端较尖，纹理清晰，在叶梗处长有附属叶；开完全重瓣花，簇生，花瓣为粉红色，萼片狭长，呈针状。

P134 "德阿莫玫瑰"
学名：*? Rosa* ×*rapa* Bosc 英文名：? 'Rose d'Amour'

"德阿莫玫瑰"，属灌木植物。株高2.4米，枝干为深紫色，且有大小不一的针状棘刺附在上面，花茎上布满了细小的硬毛；叶片为灰绿色，卵形，前端稍尖，边缘为锯齿形，5～7片小叶呈羽状排列，叶梗处长有附属叶；花朵为重瓣花型，簇生，花瓣为粉白色，上面有涡形的花纹，花蕾为粉红色，萼片颀长，花香轻柔淡雅，花期处于夏末秋初之交。

本图所绘品种因名称记载不详，可能与实际名称有所出入。

P135 变种甜石南
学名：*Rosa rubiginosa* L. var. *umbellata* 英文名：*Variety of Sweet Briar*

该玫瑰枝条多刺且多硬毛；深绿色的叶片，边缘为锯齿形，有淡淡的苹果香；粉红色单瓣花，花心颜色稍浅；花香清新诱人。绯红色椭圆形的果实中富含着大量的维生素C。本图所绘为甜石南的又一种变种，这种玫瑰枝干挺立，枝茎棘刺密布，且细小尖长；枝叶繁茂，翠绿色叶片多呈羽状排列，少部分为圆形叶片；深粉红色平型单瓣花，花瓣为心形，色艳味淡。

甜石南生活在欧亚大陆西南地区的丘陵地带及部分白垩质土壤中。

P136 半重瓣变种伯内特蔷薇
学名：*Rosa pimpinellifolia* L. cv. 英文名：*Semi-double variety of Burnet Rose*

伯内特蔷薇，属灌木植物，是园林花卉中不可或缺的一部分，往往以其生长力顽强、抗病性强、品种多变等诸多特质成为各大园林的座上宾。此外，它还拥有枝叶繁盛、棘刺密集、花色单纯、花香浓郁的特点。半重瓣伯内特蔷薇是伯内特蔷薇多年育种的又一成就，枝干挺拔，鱼骨状棘刺附生于上；羽状复叶，灰绿色小叶多为5～9片不等，边缘为锯齿形；初夏开半重瓣乳白色花朵，配以金黄色的花蕊，颇显其雍容华贵的风范，花香典雅。

P137 变种包心玫瑰
学名：*Rosa centifolia* L. cv. 英文名：*Variety of Cabbage Rose*

变种包心玫瑰属园林玫瑰，为普罗旺斯玫瑰的变种。普罗旺斯玫瑰为带刺灌木，可长到2米高，通常开白色到深红色、香气宜人的花，是自16世纪至18世纪逐渐培育出来的一种复杂的杂交品种。本图所绘为包心玫瑰的变种，开粉红色的重瓣花，花蕾中下部为黄色，花萼狭长而突出；枝茎为灰褐色，嫩枝及花茎多为浅红褐色或绿色，刺较多；羽状复叶，倒卵形小叶3～5枚，互生，花茎及叶梗上长有附属叶。

包心玫瑰被作为玫瑰油的原料而广为栽培。

P138 杂色变种伯内特蔷薇
学名：*Rosa pimpinellifolia* L. var. *ciphiana*
英文名：*Variegated flowering variety of Burnet Rose* 别名：苏格兰石南

伯内特蔷薇，属灌木植物，也称苏格兰石南，人工栽培已有多年时间，育有很多品种。株高60～90厘米，枝叶茂密而多棘刺，花茎上长有硬毛。花期为每年5～7月，花朵为奶白色，少有粉红色，果实为紫色。杂色变种伯内特蔷薇，分枝较多，且有细密的棘刺分布其上，灰绿色小叶5～9枚，边缘为锯齿形；单瓣花朵为绯红色，花边上有奶白色融入其间，花期处于夏秋之际，花香细腻柔和。

P139 变种法国蔷薇
学名：*Rosa gallica* L. cv. 英文名：*Variety of French Rose*

本图所绘为野生法国蔷薇的栽培变种。枝茎光滑，羽状复叶，带叶尖的椭圆形小叶3～5枚，互生，有光泽；开粉红色杯型重瓣花。

野生法国蔷薇每年开花一次，颜色众多而艳丽，通常大部分都有浓郁的香味。据说最早生长在希腊和罗马，在十字军东征时期被人带到了中欧，1670年左右在荷兰开始栽种，当时，法国人和荷兰人都热衷于培育此花。

P140 半重瓣变种草地玫瑰
学名：*Rosa agrestis* Savi cv. 英文名：*Semi-double variety of Grassland Rose*

半重瓣草地玫瑰属灌木植物，植株较矮，仅约1米，是草原重要的植被之一。本图所绘为草地玫瑰的变种，绿色枝茎光滑，上面有粗大的棘刺；羽状复叶，有附属叶，灰褐色、卵圆形小叶5～7枚，互生，有叶尖，叶缘为锯齿形；开半重瓣花，花色深红，花瓣外缘有心形凹口，黄色雄蕊。

草地玫瑰生命力顽强，能抵抗恶劣的自然环境。

P141 半重瓣变种沼泽玫瑰

学名:? *Rosa palustris* Marshall cv.　　英文名:Semi-double variety of Marsh Rose

沼泽玫瑰属野生玫瑰,原产地在南美洲,生长于阴凉潮湿的环境,在沼泽边常见。本图所绘为沼泽玫瑰的变种之一。高度1~4米,枝茎少刺;羽状复叶,有附属叶,长卵圆形小叶5~7枚,互生,有叶尖,叶片外缘有明显的锯齿;每年7月份开深红色半重瓣花,簇生,花瓣外缘泛白,略有卷曲,有花尖;结卵形红色果实。

由于自然环境的持续恶化,沼泽玫瑰的生存正面临严重的威胁。

P142 阿尔卑斯玫瑰

学名:*Rosa pendulina* L.var. *pendulina*　　英文名:Alpine Rose　　别名:高山玫瑰

原产地在南欧和中欧大陆。株高约2米,枝茎光滑,几乎无刺;羽状复叶,有附属叶,卵圆形小叶7~9枚,有叶尖,叶缘为锯齿形;春末夏初开花,簇生,每簇1~5朵,紫红色,黄色雄蕊,没有花香;结红色长颈瓶状果实。

高山玫瑰生长在海拔3000~4000米的雪线附近,难以采到,所以在阿尔卑斯山区的居民中流传着这样的风俗:当小伙子向姑娘求爱时,为了表示忠贞,必须战胜重重困难,勇敢地登上高山,采来高山玫瑰,献给心爱的姑娘。

P143 "珊德的白色蔓生玫瑰"

学名:? *Rosa* ×*rapa* Bosc cv.　　英文名:'Sander's White Rambler'

"珊德的白色蔓生玫瑰",枝干挺立,且长有大小不一的针状棘刺,花茎布满了硬毛;羽状复叶,3~7枚卵形小叶,互生,前端较尖,叶缘为锯齿形,叶柄处长有附属叶;开圆型重瓣花,簇生,为粉白色,黄色花蕊,萼片顽长,呈须状。

本图所绘品种因名称记载不详,可能与实际名称有所出入。

P144 包心玫瑰 "海葵玫瑰"

学名:*Rosa centifolia* L. 'Anemonoides'　　英文名:Cabbage Rose 'Anemonoides'

包心玫瑰属园林玫瑰,为普罗旺斯玫瑰的变种。普罗旺斯玫瑰为带刺灌木,可长到2米高,通常开白色到深红色、香气宜人的花,是自16世纪至18世纪逐渐培育出来的一种复杂的杂交品种。

本图所绘的"海葵玫瑰"花冠为深粉红色的重瓣花,状如海葵,最外缘花瓣格外突出,且呈轻微半裂状,雄蕊为黄色;枝茎上小刺较密集,复叶呈羽状,叶梗上长有附属叶,小叶互生,3~5枚,边缘为锯齿形。包心玫瑰被作为玫瑰油的原料而广为栽培。据说所提取之精油具温及催情作用。

P145 半重瓣变种沼泽玫瑰

学名:? *Rosa palustris* Marshall cv.　　英文名:Semi-double variety of Marsh Rose

沼泽玫瑰属野生玫瑰,原产地在南美洲,生长于阴凉潮湿的环境,在沼泽边常见。本图所绘为沼泽玫瑰的变种之一。株高1~4米,枝茎少刺;羽状复叶,有附属叶,长卵圆形小叶5~7枚,互生,有叶尖,叶片外缘为明显的锯齿形;每年7月份开深红色半重瓣花,簇生,花瓣内缘泛白,外缘有心形凹口;结卵形红色果实。

由于自然环境的持续恶化,沼泽玫瑰的生存正面临严重的威胁。

P146 月季 "胜红"

学名:*Rosa chinensis* Jacq. var. *semperflorens* Koehne　　英文名:Monthly Rose

别名:长春花、四季花、月月红、胜花

月季原产北半球,属野生玫瑰。花生或排成伞房花序,多连续开花,以5~6月及9~10月为盛花期。本图所绘月季枝茎光滑,生红褐色皮刺;羽状复叶,小叶为倒卵形,前端较尖;特别之处在于其所开6朵重瓣花,花色不一,有全红、深紫红,也有淡紫与深红相杂者。月季的主要原产地是中国,18世纪末19世纪初由中国传入欧洲,经复杂杂交后,花色大为丰富;花蕾多卵圆形,花形丰富,单瓣至重瓣,淡香至浓香。

P147 变种法国蔷薇

学名:*Rosa gallica* L. cv.　　英文名:Variety of French Rose

法国蔷薇为欧洲南部的野生玫瑰。枝茎多刺,每年开花一次,花色从粉红、深红、紫红到纯紫色,另外也包括一些有斑纹的品种,通常大部分都有浓郁的香味。本图所绘为法国蔷薇的栽培变种,带叶尖的卵形小叶,互生,为灰绿色;开红色完全重瓣花。

曾在中世纪的欧洲花园中风靡一时的法国蔷薇,据说是在十字军东征时期被人带到了中欧,1670年左右在荷兰开始栽种,当时,法国人和荷兰人都热衷于培育此花。

P148 巨叶变种法国蔷薇

学名:*Rosa gallica* L. ? × *Rosa centifolia* L.　　英文名:Large-leaved variety of French Rose

法国蔷薇属欧洲南部的野生玫瑰。枝茎多刺,每年开花一次,通常大部分都有浓郁的香味。本图所绘蔷薇可能是法国蔷薇和普罗旺斯玫瑰的杂交品种,主要特征是叶片较大,阔且长;开红色完全重瓣花。

法国蔷薇是19世纪初欧洲最重要的栽培品种,据说最早生长在希腊和罗马,后来,在十字军东征时期,法国蔷薇被人带到了中欧,并得到法国人和荷兰人的钟爱。

P149 野生杂种阿尔卑斯玫瑰

学名:*Rosa* ×*spinulifolia* Dematra　　英文名:Wild hybrid of Alpine Rose

别名:高山玫瑰

野生杂种阿尔卑斯玫瑰属于灌木植物,原产地在南欧和中欧大陆,生长在海拔3000~4000米的雪线附近。高度约2米,茎浅灰色,上面长有异常粗大的尖锐棘刺;羽状复叶,有附属叶,阔卵圆形小叶5枚,互生,有叶尖,叶缘为锯齿形,叶梗上遍布浓密的刺毛;开单瓣花,簇生,每花5瓣,浅粉红色,花瓣外缘颜色稍深,黄色花蕊,没有花香;结卵球形红色果实。

P150 波特兰玫瑰 "杜瓦玫瑰"

学名:*Rosa* × *damascena* Miller × *Rosa chinensis* Jacq. var. *semperflorens* Koehne'Rose du Roi'

英文名:Portland Rose 'Rose du Roi'　　别名:鲜红四季蔷薇

本图所绘玫瑰,可能是大马士革玫瑰与其他品种杂交而得,因一年之中多次开花,又名鲜红四季蔷薇。与本书中名叫"波特兰公爵夫人"的波特兰玫瑰不同的是,其枝茎上棘刺非常多,叶面为暗绿色比较粗糙,开粉红色重瓣花,花香浓郁。而且这种玫瑰植株矮小,通常植高不超过90厘米,花也稍大于其他波特兰玫瑰。据说,波特兰玫瑰在1770年以前就已经在欧洲出现。

P151 多刺变种伯内特蔷薇

学名:? *Rosa pimpinellifolia* L. var. *myriacantha* Ser.　　英文名:Prickly variety of Burnet Rose

伯内特蔷薇,是地榆属蔷薇中的一种,也称苏格兰石南,一种生长在欧亚大陆沿岸沙丘上的低密的灌木,枝干上长有针状棘刺。枝叶浓密,花期在5~7月之间,花色多为奶白色,少许为粉红色,花瓣5枚,花香异常。

本图所绘蔷薇是伯内特蔷薇的一种变种,挺直的枝干,棘刺密布;灰绿色的小叶从枝干中横生出来;奶白色心形单瓣小花点缀其中,花瓣的边缘为粉红色;花期为仲夏时节;花香清淡芬芳,沁人心肺。

P152 大马士革玫瑰 "塞斯亚纳"

学名:*Rosa* × *damascena* Miller Celsiana　　英文名:Damask Rose 'Celsiana'

"塞斯亚纳"是大马士革玫瑰的变种,属于古典庭园玫瑰,拥有大马士革玫瑰的诸多特质,茎枝纤细,花朵饱满,亮绿色的叶片,边缘为锯齿形,花香别致而细腻,是用来提炼玫瑰油的佳品。本图所绘的"塞斯亚纳"玫瑰,属穿花玫瑰类型,即茎枝穿过开着的花继续生长,一般是从中间穿过,偶尔也从一边穿过。图中蔷薇以不同颜色的重瓣花同枝相栖;花萼尤为突出,衍生为狭长的叶;羽状复叶为灰绿色,倒卵形,多为3~5枚。

P153 野生杂种阿尔卑斯玫瑰

学名:? *Rosa reversa* Waldst. & Kit　　英文名:Wild hybrid of Alpine Rose

别名:高山玫瑰

这种野生玫瑰是高山玫瑰的杂交品种,属灌木植物。株高约2米,茎浅灰色,几乎无刺;羽状复叶,有附属叶,阔卵圆形小叶7枚,互生,叶尖稍钝,叶缘为明显锯齿形;开单瓣花,每花5瓣,颜色深红,花瓣外缘有心形凹口,黄色雄蕊,没有花香;结卵球形红色果实。传说谁拥有高山玫瑰,就能拥有幸福的爱情,但因其通常生长在海拔3000~4000米的雪线附近,所以只有勇敢的人才能采到。

P154 翼形萼变种白玫瑰

学名:*Rosa* ×*alba* L. cv.　　英文名:Variety of White Rose with pinnate sepals

翼形萼变种白玫瑰属普罗旺斯玫瑰。普罗旺斯玫瑰是纯白色的犬蔷薇和大马士革玫瑰的杂交品种,白色是最古老的品种。株高约2米,茎部覆盖刺毛,无明显棘刺;羽状复叶,有附属叶,灰褐色、阔卵形小叶3~5枚,互生,有叶尖,叶缘为锯齿形;典型重瓣,花色洁白。花萼狭长而突出,呈羽毛状,可能也是它的名字的由来。

白玫瑰代表纯洁的爱,在中世纪时因为和圣母玛利亚联系在一起,所以非常尊贵。

P155 "德克萨斯黄玫瑰"

学名:*Rosa* ×*harisonii* Rivers 'Lutea'　　英文名:'Yellow Rose of Texas'　　别名:"卢蒂"

"德克萨斯黄玫瑰"属灌木植物。茎部有密集的棘刺;羽状复叶,有附属叶,7~9枚小叶;开黄色单瓣花,花瓣外缘有心形凹口,非常芳香。抗病力强,能够抵抗恶劣的自然环境。

美国德克萨斯州殖民地早期时代有一首民谣《德克萨斯的黄玫瑰》,据说是为纪念一位名叫艾米丽的女英雄所作,在南北战争时期作为进行曲广为流传。19世纪30年代,一个美国律师,同时也是一个玫瑰种植爱好者,用杂交的方法培育出一种玫瑰,给它起名为"德克萨斯黄玫瑰"。

P156 波索特玫瑰

学名：Rosa × L' Heritieranea Thory　英文名：Boursault Rose

波索特玫瑰，被认为是中国月季与阿尔卑斯玫瑰的杂交品种，属于亚裔玫瑰，株高约3米，暴露于日光下的枝干呈现为红色或是褐色，棘刺较少；叶片为灰绿色，倒卵形，前端稍尖，边缘为锯齿形，纹理清新，叶柄处长有附属叶；花朵为完全重瓣花型，簇生，有樱桃红色、深红色、紫色等多种颜色，萼片狭窄，呈针状。

本图所绘的波索特玫瑰，花朵呈平型，开完全重瓣花，枝叶较大。

P157 无刺伯内特蔷薇

学名：? Rosa pimpinellifolia L. var. *inermis* Dc.　英文名：Thornless Burnet Rose

伯内特蔷薇，是一种生长于欧亚大陆沿岸沙丘及石灰石质的丘陵地带的低密度灌木。枝叶繁茂，针状刺浓密；花色为奶白色，少许为粉红色，有紫色的果实结出，花瓣5枚，花量异常。

无刺的伯内特蔷薇与其他伯内特蔷薇最大的区别就是无刺，灰褐色的枝条平滑，灰绿色的羽状复叶，小叶边缘为锯齿形；心形的白色花瓣，边缘会杂揉少许的淡粉红色，花蕾为粉红色，花期大约是在5～7月，花香清淡。

P158 变种甜石南

学名：Rosa rubiginosa L. cv.　英文名：Variety of Sweet Briar

甜石南从1551年开始就被人们所熟识，一度是各个名园、宅院的"上宾"，也经常在杂交育种中使用。株高约2米，枝条多刺且多硬毛，叶片边缘为锯齿形，多为5～7片，并有苹果的香味，粉红色单瓣花，花心颜色稍浅一些，花期在盛夏时分，花香清淡。

本图所绘为甜石南的变种，枝干平滑，其表面的棘刺稀疏，带锯齿形边缘的叶片为嫩绿色；细长的花茎上布满了硬毛，夏季开花，多朵粉红色重瓣花朵同枝簇生，花香清淡、幽雅。

P159 法国蔷薇 "奥尔良公爵夫人"

学名：Rosa gallica L. cv. ? 'Duchesse d' Orléans'

英文名：French Rose ? 'Duchesse d' Orléans'

法国蔷薇属欧洲南部的野生玫瑰。枝茎多刺，每年开花一次，花色从粉红、深红、紫红到纯紫色，另外也包括一些有斑纹的品种，通常大部分都有浓郁的香味。本图所绘蔷薇可能为法国蔷薇的栽培变种，带尖端的卵形小叶，互生，部分叶片上有黄色斑点；开粉红色重瓣花。

据说法国蔷薇最早生长在希腊和罗马，在十字军东征时期被带到了中欧，1670年左右在荷兰开始栽种，当时，法国人和荷兰人都热衷于培育此花。

P160 重瓣锯齿马尔密迪蔷薇

学名：Rosa dumalis Bechstein var. *malmundariensis* for biserraa

英文名：? Double serrated Malmedy-Rose

马尔密迪蔷薇属野生玫瑰。枝茎略为灰褐色，棘刺呈倒钩状且较多；羽状复叶，通常有5～7枚带尖端的卵形小叶，互生，与其他野生玫瑰的最大不同之处在于，它的叶片两面都光滑无毛；开粉白色单瓣花，通常为5瓣，花蕊为明艳的黄色。

据说，这种蔷薇是由一位名叫朱尼的人在马尔密迪附近的山上发现的，其名也由此而来。本图所绘品种的名称因记载不详，可能与实际名称有所出入。

P161 "芭蕾舞伶"

学名：Rosa stylosa Desv. var. *stylosa*　英文名：'Ballerrina'

"芭蕾舞伶"玫瑰灰褐色的枝干上长有红褐色钩状棘刺；羽状复叶，叶面平滑，为中度绿色，叶片前端较尖，叶片边缘为锯齿形，5～7枚小叶，互生，复叶叶梗处长有附属叶；夏季开单瓣花，簇生，心形的花瓣为白色，边缘有少许的粉红色，花蕊为金黄色，萼片狭长呈须状。

本图所绘品种因名称记载不详，可能与实际名称有所出入。

P162 包心玫瑰 "荷兰娇"

学名：Rosa centifolia L. 'Petite de Hollande'　英文名：Cabbage Rose 'Petite de Hollande'

包心玫瑰为普罗旺斯玫瑰的变种。普罗旺斯玫瑰为带刺灌木，可长到2米高，通常开白色到深红色、香气宜人的花，是自16世纪至18世纪逐渐培育出来的一种复杂的杂种，它有大量品种。

本图所绘之花冠为粉红色完全重瓣花，花形娇小玲珑，一年开花一次，花期较长；羽状复叶，近椭圆形小叶3～5枚，互生，比典型的普罗旺斯玫瑰的叶要小很多，为灰绿色。包心玫瑰被作为玫瑰油的原料而广为栽培。

P163 变种法国蔷薇/变种包心玫瑰

学名：Rosa gallica L. cv. / *Rosa centifolia* L. cv.　英文名：Variety of French Rose or Cabbage Rose

该玫瑰属园林玫瑰，可能是普罗旺斯玫瑰或法国蔷薇的变种。绿色枝茎上分布着细小的棘刺；羽状复叶，小叶3～5枚，互生，叶梗处长有附属叶；开红色重瓣花，外缘花瓣为紫红色或深红色。

P164 变种大马士革玫瑰

学名：Rosa × damascena Miller cv.　英文名：Variety of Damask Rose

大马士革玫瑰，属古典庭园玫瑰，丛生灌木植物。灰绿色叶片；花茎上有硬毛；开重瓣花，花瓣可作调味品；花香浓郁，因而被广泛种植以提取玫瑰油。

本图所绘为大马士革玫瑰的变种，枝干棘刺较少；叶片为灰绿色，通常为5～7片，边缘为锯齿形，并在枝节处生有附属叶；开粉红色重瓣花，花瓣边缘颜色稍浅，颇有绸缎的质感。

大马士革玫瑰，于十字军东征时传入中欧，14世纪开始在法国广为栽种。

P165 变种法国蔷薇

学名：Rosa gallica L. cv.　英文名：Variety of French Rose

欧洲南部的野生玫瑰。枝茎多刺，每年开花一次，花色从粉红、深红、紫红到纯紫色，另外也包括一些有斑纹的品种，通常大部分都有浓郁的香味。本图所绘为法国蔷薇的栽培变种，小叶为带尖端的长椭圆形，叶片较大；开红色完全重瓣花，近花心处花瓣颜色稍浅，萼片较宽。

法国蔷薇是19世纪初欧洲最重要的栽培蔷薇。据说最早生长在希腊和罗马，在十字军东征时期，被人带到了中欧，1670年左右在荷兰开始栽种。

P166 变种月季 "月月红"

学名：Rosa chinensis Jacq. var. *semperflorens* Koehne cv.

英文名：Variety of Monthly Rose　别名：四季花、胜春

本图所绘品种为中国月季经复杂杂交后的变种。枝条纤细如蔓状，几乎无刺；羽状复叶，有浅红褐色附属叶，带尖端的倒卵形小叶3～5枚，互生；开红色单瓣花，通常为5瓣，近花心处略为白色。

月季在18世纪末19世纪初由中国传入欧洲，成为许多蔷薇特别是深红色蔷薇的重要亲本。

P167 变种月季

学名：Rosa chinensis Jacq. cv.　英文名：Variety of China Rose

月季，属中国野生玫瑰。株高较低，枝干较直，棘刺较少，细枝繁茂。开半重瓣或完全重瓣花，花色由深红色到近白色，气味芳香，一季可多次开花。对欧洲蔷薇的育种具有很重要的作用。

本图所绘为月季的变种，植株纤细、柔弱；棘刺较少；羽状复叶，叶梗末端有附属叶，奇数倒卵形小叶互生，多为3～5枚，为灰绿色；重瓣花朵大而饱满，花色为鲜红色，近花萼部分为白色，且多为簇生。

P168 杂种法国蔷薇

学名：Rosa gallica L. -Hybr.　英文名：French Rose hybrid

欧洲南部的野生玫瑰。枝茎多刺，每年开花一次，通常大部分都有浓郁的香味。本图所绘为法国蔷薇的杂交品种，枝茎上生有细密的小刺；3～5枚前端为尖状的倒卵形小叶，互生；开红色完全重瓣花，羽毛状萼片较为突出。法国蔷薇是19世纪初欧洲最重要的栽培蔷薇，据说最早生长在希腊和罗马。后来，在十字军东征时期，法国蔷薇被人带到了中欧，1670年左右在荷兰开始栽种，当时，法国人和荷兰人都热衷于培育此花。

P169 变种法国蔷薇

学名：Rosa gallica L. cv.　英文名：Variety of French Rose

本图所绘为法国蔷薇的栽培变种，主要特点在于它的第二朵花从第一朵花的花心穿过并继续生长。开红色完全重瓣花，花香浓郁，萼片狭长突出呈羽状；枝茎光滑而多棘刺；小叶为带尖端的倒卵形，有附属叶。

据说法国蔷薇最早生长在希腊和罗马，在十字军东征时期被带到了中欧，成为法国人和荷兰人的钟爱之物，同时，它也是19世纪初欧洲最重要的栽培蔷薇。

P170 大理石纹变种法国蔷薇

学名：Rosa gallica L. cv.　英文名：Marbled variety of French Rose

法国蔷薇的枝茎多刺，每年开花一次，通常大部分都有浓郁的香味。本图所绘为法国蔷薇的栽培变种，枝茎上生有细密的小刺；3～5枚前端为尖状的倒卵形小叶，互生；特别之处在于，其半重瓣花冠的花瓣上布满大小不一的斑点，且外围花瓣为红色，内围花瓣为粉红色。

据说最早生长在希腊和罗马的法国蔷薇是在十字军东征时期，才被引入中欧，1670年左右在荷兰开始栽种，当时，法国人和荷兰人都热衷于培育此花。

P171 草地玫瑰

学名：Rosa agrestis Savi　英文名：Grassland Rose

草地玫瑰属灌木植物，植株较矮，仅约1米，是草原重要的植被之一。枝茎绿色光滑，上面有粗大的棘刺；羽状复叶，有附属叶，灰褐色、卵圆形小叶5～7枚，互生，有叶尖，叶缘为锯齿形；开单瓣花，每朵5瓣，花色浅淡，花瓣外缘有心形凹陷，颜色稍深，黄色雄蕊。生命力顽强，能抵抗恶劣的自然环境。

P172　大花变种法国蔷薇
学名：*Rosa gallica* L. cv.　英文名：Large-flowered variety of French Rose
　　法国蔷薇属欧洲南部的野生玫瑰。枝茎多刺，每年开花一次，通常大部分都有浓郁的香味。本图所绘为法国蔷薇的栽培变种，主要特征是花冠为硕大的完全重瓣花，花色为红色与粉红色相间杂。
　　法国蔷薇是19世纪初欧洲最重要的栽培蔷薇，据说最早生长在希腊和罗马，在十字军东征时期传入中欧，1670年左右在荷兰开始栽种，当时，法国人和荷兰人都热衷于培育此花。

P173　五角星花变种法国蔷薇
学名：*Rosa gallica* L. cv.　英文名：Stapelia-flowered variety of French Rose
　　法国蔷薇原生于欧洲南部，属野生玫瑰。枝茎多刺，每年开花一次，花色从粉红、深红、紫红到纯紫色，另外也包括一些有斑纹的品种，通常大部分都有浓郁的香味。本图所绘为其栽培变种，开红色单瓣花，5枚花瓣外缘均有尖，与五角星花相似；小叶3～5枚，边缘为锯齿形。
　　法国蔷薇是19世纪初欧洲最重要的栽培蔷薇，同时也是中世纪花园中不可缺少的一部分。据说最早生长在希腊和罗马，传入中欧后遂成为法国人和荷兰人的钟爱。

P174　法国蔷薇
学名：*Rosa gallica* L.　英文名：French Rose
　　欧洲南部的野生玫瑰。枝茎多刺，每年开花一次，花色从粉红、深红、紫红到纯紫色，另外也包括一些有斑纹的品种，通常大部分都有浓郁的香味。本图所绘为红色单瓣花，幼叶及花茎略带粉红色。
　　法国蔷薇是19世纪初欧洲最重要的栽培蔷薇，同时也是中世纪花园中不可缺少的一部分。据说最早生长在希腊和罗马，后来，在十字军东征时期，法国蔷薇被人带到了中欧，1670年左右在荷兰开始栽种，当时，法国人和荷兰人都热衷于培育此花。

P175　变种秋季大马士革玫瑰
学名：*Rosa ×bifera* Pers. cv.　英文名：Variety of small Autumn Damask Rose
　　秋季大马士革玫瑰通常株高1米左右，枝茎较纤细；叶片为灰绿色，较柔韧；粉红色完全重瓣花朵在完全盛开后，以深红色取而代之，丝质花瓣有褶皱的边儿，花蕊为金黄色，花香浓郁诱人。
　　本图所绘为秋季大马士革玫瑰的变种品种，枝干茎刺细小而尖利，灰绿色齿边叶片，为卵形，多有3～5枚，呈羽状排列；完全重瓣花朵为鲜红色，萼片狭长而突出。

P176　变种被绒毛玫瑰
学名：*Rosa tomentosa* Smith var. *farinosa*　英文名：Variety of Tomentose Rose
　　被绒毛玫瑰属于野生玫瑰，在欧洲、高加索、及中东地区都有分布。本图所绘为被绒毛玫瑰的变种，株高约2米，茎部生有粗大的直刺或弯刺；羽状复叶，有附属叶，5～7枚小叶，互生，灰褐色，边缘为锯齿形；开单瓣花，每花5瓣，花瓣外缘有心形凹口，花色浅淡，外缘颜色稍深，黄色雄蕊；结卵球形红色果实。

P177　变种包心玫瑰
学名：*Rosa centifolia* L. cv.　英文名：Variety of Cabbage Rose
　　包心玫瑰属园林玫瑰，为普罗旺斯玫瑰的变种。普罗旺斯玫瑰为带刺灌木，可长到2米高，通常开白色到深红色、香气宜人的花，是自16世纪至18世纪逐渐培育出来的一种复杂的杂种，拥有大量品种。
　　本图所绘为包心玫瑰的变种，属穿花玫瑰类型。开红色重瓣花，第二朵花穿过第一朵花的花心而生长，花萼尤为突出，已衍生为狭长的叶；羽状复叶呈中度绿色，叶梗处生长有附属叶，倒卵形小叶，多为3枚。包心玫瑰被作为玫瑰油的原料而广为栽培。

P178　变种月季
学名：*Rosa chinensis* Jacq. cv.　英文名：Variety of China
别名：四季花、月月红、长春花、胜春
　　月季，中国野生玫瑰，灌木植物。株高较低，枝干较直且平滑，细枝繁茂。开半重瓣或完全重瓣花，花色由深红到近白色，气味芳香，一季可多次开花。对欧洲蔷薇的育种具有很重要的作用。
　　本图所绘为月季的变种之一，植株上的棘刺较少；羽状复叶，叶梗末端有附属叶，中度绿色的奇数倒卵形小叶，互生，多为3～5枚；花朵大而饱满，花色为猩红色，据说是月季的直系育种。

P179　蒙森夫人玫瑰
学名：? *Rosa monsoniae* Lindley　英文名：Rose of Lady Monson
　　蒙森夫人玫瑰通常株高约1米，枝茎绿色光滑，上面有粗大的棘刺；羽状复叶，有附属叶，长卵圆形小叶5～7枚，互生，有叶尖，叶缘为锯齿形；开单瓣花，簇生，每花5瓣，粉红色，花瓣明显半裂，黄色雄蕊，结卵球形果实。此花

以17世纪著名的英国女权主义者蒙森夫人的名字命名。

P180　月季"长春花"
学名：*Rosa chinensis* Jacq. var. *semperflorens* Koehne　英文名：Monthly Rose
别名：四季花、月月红、胜春、胜花、胜红
　　月季原产北半球，属野生玫瑰。花单生或排成伞房、圆锥花序，多连续开花，以5～6月及9～10月为盛花期。本图所绘月季枝茎光滑，生红褐色倒钩状皮刺；羽状复叶，小叶为倒卵形，前端较尖；开红色重瓣花。
　　中国是月季的主要原产地，18世纪末19世纪初由中国传入欧洲。经复杂杂交后，花色有白、绿、蓝、红、淡红、粉红、黄、淡黄等；花形丰富，单瓣至重瓣，淡香至浓香。

P181　牧场蔷薇
学名：*Rosa setigera* Michaux　英文名：Prairie Rose
　　牧场蔷薇，属美国野生玫瑰，灌木类植物，通常高1～2米。枝茎纤细而光滑，生红褐色倒钩状棘刺；羽状复叶，有附属叶，小叶3～5枚，互生，叶片边缘为锯齿形；开粉红色单瓣花，簇生，花瓣外缘有明显心形凹口，且颜色稍深，黄色雄蕊；结橙色或红色果实。
　　牧场蔷薇可用来培育耐寒的攀援蔷薇。

P182　奥地利铜蔷薇 "双色蔷薇"
学名：*Rosa foetida* Herrm. 'Bicolor'　英文名：Austrian Copper Rose
　　奥地利铜蔷薇，属灌木植物。枝茎光滑无刺；羽状复叶，有附属叶，椭圆形小叶5～7枚，互生，暗绿色，边缘为锯齿形；开单瓣花，花瓣内面为明艳的橙色或红色，外面为黄色，部分花的花瓣内外两面均为黄色，有的甚至在花瓣的同一面上出现红、黄两种颜色，所以又名"双色蔷薇"，雄蕊为嫩黄色；果实为褐色或橙色。该蔷薇早在16世纪就已出现，很可能是一种意外杂种。所有现代黄色及橙色园林玫瑰都是以这种蔷薇作为母体而形成的。

P183　杂种犬蔷薇
学名：*Rosa ×waitziana* Tratt.　英文名：Dog Rose hybrid
　　犬蔷薇在欧洲是一个常见的品种，属于灌木植物。枝茎呈弓形或者蔓生，有坚硬的钩状皮刺；小叶呈中度绿色，边缘为锯齿形；开乳白色或粉红色的单瓣花，单生或簇生，多为5瓣；果实朱红色，可以用于医学。
　　本图所绘为犬蔷薇的一种变种，黄绿色的枝干长有尖刺如针的棘刺，枝条略有弯曲；倒卵形小叶为中度绿色，呈羽状排列，多为3～5枚，互生，枝节处长有附属叶；粉红色的花朵簇生在一起，每花5瓣，花蕊为金黄色。

P184　杂种法国蔷薇 "阿加莎·因卡纳特"
学名：*Rosa gallica* L. 'Agatha Incarnata'　英文名：French Rose hybrid 'Agatha Incarnata'
　　欧洲南部的野生玫瑰。枝茎多刺，每年开花一次，通常大部分都有浓郁的香味。本图所绘为法国蔷薇的杂交品种，枝茎上生有细密的小刺；3～5枚前端为尖状的倒卵形小叶，互生；开完全重瓣花，粉红色的花瓣上泛着美丽的银色光泽，羽毛状萼片狭长而突出。
　　法国蔷薇是19世纪初欧洲最重要的栽培玫瑰，据说最早生长在希腊和罗马，后来在十字军东征时期被带到了中欧，1670年左右在荷兰开始栽种。

P185　法国蔷薇 "紫罗兰蔷薇"
学名：*Rosa gallica* L. 'Violacea'　英文名：French Rose 'Violacea'
　　法国蔷薇通常枝茎多刺，每年开花一次，花色从粉红、深红、紫红到纯紫色都有，另外也包括一些有斑纹的品种，而且大部分都有浓郁的香味。本图所绘的"紫罗兰蔷薇"开红色半重瓣花，花瓣外缘颜色稍深，为紫红色，花蕊为金黄色，萼片狭长呈羽状。
　　法国人和荷兰人曾对法国蔷薇的培育做出过重大的贡献，据说早在中世纪的欧洲，其品种就已达千余种。

P186　单瓣变种波索特玫瑰
学名：*Rosa × L'Heritieranea* Thory cv.　英文名：Single variety of Boursault Rose
　　波索特玫瑰，被认为是中国月季与阿尔卑斯高山玫瑰的杂交品种，属于亚裔玫瑰。株高约3米，棘刺较少；叶片为灰绿色，边缘为锯齿形，纹理清晰；花朵簇生，有樱桃红色、深红色、紫色等多种颜色；萼片狭长，呈针状。
　　本图所绘为波索特玫瑰的变异品种，枝干灰褐色，生有尖利的棘刺，灰绿色的叶片，长卵圆形，有叶尖，边缘为锯齿形，叶柄处长有附属叶；开单瓣花，花瓣外缘有心形凹口，深红色，内缘泛白，金黄色雄蕊。

P187　波索特玫瑰
学名：*Rosa × L'Heritieranea* Thory　英文名：Boursault Rose
　　波索特玫瑰属于亚裔玫瑰，被认为是中国月季与阿尔卑斯高山玫瑰的杂交

品种。株高约3米，暴露于日光下的枝干呈现为红色或者褐色，棘刺较少；羽状复叶，有附属叶，灰绿色、倒卵形小叶3～5枚，互生，前端较尖，边缘为锯齿形，纹理清晰；花朵为完全重瓣花型，簇生，有樱桃红色、深红色、紫色等多种颜色；萼片狭长，呈披针状。

P188 杂种苹果蔷薇
学名：Rosa villosa L. ×*Rosa pimpinellifolia* L.　英文名：Apple Rose hybrid

　　苹果蔷薇通常株高约1.2～1.8米，枝浓叶茂；叶子鲜绿而有光泽；粉红色的单瓣花朵，多在春夏时节绽放。由于香似苹果，故称苹果蔷薇。花期过后，便可看到长约10厘米、褐红色呈梨状的果实悬于枝端。

　　本图所绘为苹果蔷薇的变异品种，灰褐色的纤细枝干上长满了细密的棘刺；羽状复叶，灰绿色小叶，边缘为锯齿形，叶柄处长有附属叶；重瓣花朵呈乳白色，中心配以金黄色的花蕊，尽显妖娆之态。

P189 杂种伯内特蔷薇
学名：Rosa pimpinellifolia L. -Hybr.　英文名：Burnet Rose hybrid

　　伯内特蔷薇，也称苏格兰石南，是农舍花园玫瑰的重要组成部分，生长于欧亚大陆沿岸的沙丘及石灰石质的丘陵地带。株高约为60～90厘米，枝叶浓密，棘刺短小而坚硬。花瓣有5枚，花色呈奶白色，少许为粉红色，花香异常。

　　本图所绘的也是伯内特蔷薇的杂交品种之一，枝条繁茂，针状的棘刺密布于枝干上；翠绿色叶片有锯齿形的叶缘，多为5～7枚，在枝条处长有鲜嫩的附属叶；淡粉色重瓣花朵，边缘的颜色稍浅一些，芬芳诱人。

P190 杂色秋季大马士革玫瑰
学名：Rosa ×*bifera* Pers. cv.　英文名：Variegated variety of Autumn Damask Rose

　　秋季大马士革玫瑰，早在1819年之前就已经为欧洲人所熟悉。株高约1米，枝茎较细；叶片为灰绿色；粉红色完全重瓣花朵，盛开后变为深红色；丝质的花瓣有褶皱花边；花香浓郁诱人。

　　本图所绘玫瑰是秋季大马士革玫瑰的变种，枝干较粗壮，其上布满了针状棘刺；黄绿色、椭圆形小叶，叶缘为锯齿形；鲜红色重瓣花朵，贴近花托的部分呈现为黄色。

P191 变种长青玫瑰
学名：Rosa sempervirens L. var. *leschenaultiana*　英文名：Variety of Evergreen Rose

　　本图所绘的是长青玫瑰的自然变异品种。枝干挺直，灰绿色，针状、细小的棘刺散布于枝茎上；倒卵形的叶片呈中度绿色，前端较尖，边缘为锯齿形，羽状复叶，有附属叶，5～9枚小叶，互生；花茎上分布有细密的硬毛，花瓣乳白色，花瓣边缘带尖端，花蕊为金黄色。

P192 杂种法国蔷薇
学名：? Rosa gallica L. ×*Rosa chinensis* Jacq.　英文名：French Rose hybrid

　　欧洲南部的野生玫瑰。枝茎多刺，每年开花一次，通常大部分都有浓郁的香味。本图所绘蔷薇可能是法国蔷薇和中国月季的杂交品种，枝茎上生有细密的小刺；3～5枚前端为尖状的倒卵形小叶，互生；开完全重瓣花，中外围花瓣为紫红色，近花心处花瓣为红色。

　　法国蔷薇是19世纪初欧洲最重要的栽培蔷薇，据说最早生长在希腊和罗马，后来在十字军东征时期被带到中欧。

P193 秋季开花变种月季
学名：Rosa chinensis Jacq. cv.　英文名：Autumn-flowering Variety of China Rose

　　月季原产北半球，属野生玫瑰。花单生或排成伞房、圆锥花序，多连续开花，以5～6月及9～10月为盛花期。本图所绘为月季栽培变种，秋季开红色重瓣花，棘刺较多，羽状复叶，小叶为倒卵形，前端较尖。

　　中国是月季的主要原产地。18世纪末19世纪初，月季由中国传入欧洲，经复杂杂交后，花色有白、绿、蓝、红、淡红、粉红、黄、淡黄等；花蕾多卵圆形，花形丰富，单瓣至重瓣，淡香至浓香。

P194 赫特福德郡玫瑰
学名：? Rosa evratina Bosc.　英文名：Hertfordshire

　　赫特福德郡玫瑰的枝干挺直，为深绿色，上面长有细小的棘刺，花茎上布满细密的硬毛；叶片为深绿色，为倒卵形，前端稍尖，叶边呈锯齿状，叶面较平滑，叶梗处长有附属叶；粉红色的花朵，簇生，萼片较小且狭长，呈须状，覆盖有白色的绒毛。

　　本图所绘品种因名称记载不详，可能与实际名称有所出入。

P195 "芭比·詹姆士"
学名：? Rosa micrantha Borrer var. *lactiflora*　英文名：'Bobbie James'

　　"芭比·詹姆士"玫瑰的枝干为黄绿色，枝节较多，且长有红褐色针状棘刺；羽状复叶，有附属叶，卵圆形小叶5～7枚，互生，中度绿色，前端稍尖，叶缘为锯齿形；开单瓣花，为浅黄色，花瓣5枚，为心形，花蕊为金黄色，萼片颀长，前端呈须状。

　　本图所绘品种因名称记载不详，可能与实际名称有所出入。

P196 变种百叶玫瑰
学名：Rosa centifolia L. var. *muscosa* cv.　英文名：Variety of Moss Rose

　　别名：五月玫瑰、伊斯帕罕玫瑰、摩洛哥玫瑰、苔玫瑰、苔藓玫瑰

　　百叶玫瑰是一种古老的园林玫瑰，为普罗旺斯玫瑰的变种，本身又拥有大量变种。最明显的特点是花柄具有粘性，有香腺，花香较浓郁，其花萼、花茎上长有密密的苔藓状绒毛。本图所绘为红色重瓣花百叶玫瑰，其花萼及枝条略显红褐色，与其他百叶玫瑰相比，除花茎外，枝条上也生有苔藓状绒毛，且其针状刺更为密集；小叶3～5枚，灰绿色，边缘具齿及红褐色细小绒毛。百叶玫瑰多用于提炼玫瑰油。

P197 百叶玫瑰 "摩斯·德米奥克斯"
学名：Rosa centifolia L. 'Mossy de Meaux'　英文名：Moss Rose 'Mossy de Meaux'

　　别名：五月玫瑰、伊斯帕罕玫瑰、摩洛哥玫瑰、苔玫瑰、苔藓玫瑰

百叶玫瑰是一种古老的园林玫瑰，为普罗旺斯玫瑰的变种，本身又拥有大量变种。最明显的特点是花柄具有粘性，有香腺，花香较浓郁，其花萼、花茎上长有密密的苔藓状绒毛。本图所绘为粉红色重瓣花百叶玫瑰。枝茎颜色较深，少刺，无苔藓状绒毛；羽状复叶，有附属叶，小叶通常5枚，互生，深绿色，叶缘为锯齿形；花完全盛开后呈平型，黄色花蕊。百叶玫瑰多用于提炼玫瑰油。

P198 单瓣茶香玫瑰
学名：Rosa ×*odorata* Sweet cv.　英文名：Single variety of Tea Rose

　　别名：中国绯红茶香玫瑰、月季花、月月红、四季花

　　茶香玫瑰为常绿园林玫瑰，属攀援型藤本植物。枝条细长而光滑，上面有钩状棘刺；羽状复叶，有附属叶，小叶通常3～5枚，深绿色，有光泽。本图所绘之单瓣茶香玫瑰是茶香玫瑰的栽培变种，开淡粉色单瓣花，雄蕊为柠檬黄色，散发出一种特别的茶香味，花期较长，从春季下旬开始一直到冬天霜冻期来临而进入休眠期。

P199 波索特玫瑰
学名：? Rosa × *L' Heritieranea* Thory　英文名：Boursault Rose

　　波索特玫瑰属亚裔玫瑰，株高3米，枝干有明显的弧度，棘刺较少；叶片为灰绿色，纹理清晰，叶柄处长有附属叶；花朵为完全重瓣花型，簇生，有樱桃红色、深红色、紫色等多种颜色；萼片狭长，呈针状。

　　本图所绘的波索特玫瑰，枝干较纤弱，为红褐色；枝叶较大，叶片为嫩绿色，边缘为锯齿形；开完全重瓣花，花朵呈平型，簇生。

P200 波旁玫瑰
学名：Rosa ×*borboniana* N. Desp.　英文名：Bourbon Rose

　　一种古老的园林玫瑰。枝叶繁茂，枝条呈弯曲状，株高可达约2.2米；叶呈中度绿色，无光泽；夏、秋两季多次开花，颜色为深红色或樱桃紫，由约20个大小不一的花瓣组成近四等分图案，介于杯型与四分簇型之间，散发出颇似覆盆子香的浓郁香味。

　　它是秋季大马士革玫瑰与中国月季的杂交品种。以印度洋上的波旁岛命名，现主产于印度。虽然它比其他古老的园林玫瑰更易出现黑斑，却因其华丽的花冠而深受人们的喜爱。

P201 包心玫瑰 "勃艮第玫瑰" "小叶玫瑰"
学名：Rosa centifolia L. 'Parvifolia'　英文名：Cabbage Rose 'Burgundian Rose'

　　包心玫瑰属园林玫瑰，为普罗旺斯玫瑰的变种。普罗旺斯玫瑰为带刺灌木，可长到2米高，通常开白色到深红色花，香气宜人，是自16世纪至18世纪逐渐培育出来的一种复杂的杂种。本图所绘为绛红色重瓣包心玫瑰，花瓣较小且排列紧密；枝茎光滑少刺，羽状复叶，有附属叶，奇数小叶互生，边缘为锯齿形。比较特别的是，在临近花冠的花茎处，生有一枚单叶。包心玫瑰被作为玫瑰油的原料而广为栽培。

玫瑰名称中西文对照及索引